和狗狗一起玩的101个游戏

101 fun things to do with your dog

[英] 艾莉森·史密斯 (Alison Smith) 著
刘璇 译

南方日报出版社
NANFANG DAILY PRESS
中国·广州

图书在版编目(CIP)数据

和狗狗一起玩的 101 个游戏 /（英）艾莉森・史密斯著；刘璇译 .—广州：南方日报出版社，2017.3
ISBN 978-7-5491-1475-7

Ⅰ.①和…　Ⅱ.①艾…②刘…　Ⅲ.①犬—驯养　Ⅳ.①S829.2

中国版本图书馆CIP数据核字（2016）第242589号

First published in Great Britain in 2011 by
Hamlyn, a division of Octopus Publishing Group Ltd
Carmelite House, 50 Victoria Embankment,
London, EC4Y 0DZ

和狗狗一起玩的101个游戏
HE GOUGOU YIQI WANDE 101 GE YOUXI

作　　者：[英]艾莉森・史密斯（Alison Smith）
译　　者：刘　璇
责任编辑：阮清钰
特约编辑：雷晓琪　李　丹
装帧设计：罗庆丽
技术编辑：郑占晓

出版发行：南方日报出版社（地址：广州市广州大道中289号）
经　　销：全国新华书店
制　　作：◆广州公元传播有限公司
印　　刷：深圳市福圣印刷有限公司
规　　格：760mm × 1020mm　1/16　10印张
版　　次：2017年3月第1版第1次印刷
书　　号：ISBN 978-7-5491-1475-7
定　　价：32.00元

如发现印装质量问题，请致电020-38865309联系调换。

前言

和狗狗开心活泼地玩耍不仅有益于它的身心健康，对主人也同样大有裨益。我们都知道驯养一只狗狗小伙伴所带来的幸福感：可以和这个四条腿的朋友一起在公园漫步；在沙滩上奔跑；或者一起玩捕捉游戏。但快乐绝不局限于这些，本书提供了101种妙趣横生的游戏，供你和狗狗玩耍。同狗狗一起玩耍嬉戏，让你不管在户内还是户外都可体验到快乐，也会让你拥有一只训练有素、活泼欢乐的狗狗。

本书介绍的各种方法，能让你和狗狗平平淡淡的午后散步变成一段充满互动嬉戏的美好时光。本书还会告诉你如何使最懒惰的拉布拉多或最顽固的罗特韦尔犬对你唯命是从，甚至会主动要求你带它出去玩。本书中的游戏都不需要复杂的驯狗技巧，只要你掌握一些基本技巧就可以。书中的游戏都很简单，只需要一点耐心加一点时间。

本书同时介绍了犬科的多方面相关知识，这让你和狗狗有机会成为多项运动的好手。或许，您会不经意地发现一些游戏可让你和狗狗有与他人比赛的机会，完胜其他狗狗及其主人。

愉快的训练游戏

你可以尽情阅读本书，选择任何一项游戏或活动都行。但建议你最好是从第一章的训练游戏开始。如果狗狗先学会一些基本技巧，那么它能更轻松地参与并学习更高难度的技巧。对狗狗来说，游戏训练不仅是一种非常积极的学习方式，也会给你们双方都带来快乐。

本书中所有的活动都通过使用积极赞扬的行为或奖励的方式来训练教导狗狗掌握新技巧或是养成好习惯，这种方式称作正面强化 。用这种方法来训练狗狗，你只须弄清楚什么东西能够激励它——通常是奖励它美味的食物，或是它最喜欢的玩具，甚至给它爱抚或赞美，一定是在它做对之后才奖励它。尽量不去理睬它的错误行为，就像对待小孩子一样。如果对狗狗的错误行为反应明显的话，那么它可能会很享受这种关注，也可能感到困惑并且会重复这种错误的行为。朝狗狗大喊大叫，强迫或是体罚都是无效的训练方式，这样的方法只会让狗狗困惑不解，感到害怕，甚至是以攻击来对抗你的“攻击”。

不用花多长时间你就会了解到最能激励狗狗的是什么，食物奖励必须是它最喜欢的。奖励的食物要很美味诱人，狗狗吃起来很容易——训练时它能够在数秒内吃完，这样奖励才有效。鸡块、烟熏火腿、香肠或奶酪都是不错的选择。如果在有食物奖励的游戏期间，狗狗吃了太多的话，游戏过后还需要对它的膳食进行相应的调整。

游戏开始的时候，只要狗狗按你的要求做对了，就要对它进行奖励。一旦它掌握了

一项新技能，比如躺下或待在原地不动，并能对这些指令迅速作出反应的时候，就不必每次都奖励它。但是要尽量多地表扬它，因为它的主要目标就是取悦你。

关于训练，最后要说的是：要有耐心，坚持不懈，还要有始有终，你和狗狗最终会成功。希望你们在这个过程中也能收获快乐。

一本写给所有狗狗的书

无论你的狗狗是基因优良的纯血统犬还是上了年纪的混血犬，这都不重要——我并不认同“老狗学不会新把戏”的说法。事实上，在学会一些打发无聊时光的激励性游戏之后，我教过的许多狗狗都脱胎换骨，重获新生。本书中的游戏有的适合一个人和一只狗狗进行，也有适用于多个人与多只狗狗一起玩的。在有些游戏里，你需要准备一些小道具或是特殊物品，当然不要忘了奖品哦！

那准备好牵引绳，我们出发吧！祝你玩得开心！

响片训练法

有些游戏会建议你使用一种叫作响片的道具，它可以令你快速而准确地对狗狗的正确行为作出反应。当狗狗按照指令正确行动时，只需按下响片，狗狗就会理解响片的嘀嘀声，证明它做对了——并且让你高兴了，紧接着它会得到奖赏（美味食物或是它最喜欢的玩具）。下次当它听到嘀嘀声时，它会把声音与最近做对的动作联系到一起，并期待再次获得奖励。发出嘀嘀声的时机要正确，因为这很关键：

1. 对它下指令——比如“坐下”，此时最好使用手势和某个特定词语。
2. 狗狗听从指令坐下来。
3. 当它的屁股触碰到地板时，立刻按下响片。
4. 狗狗听到嘀嘀声，意识到它做对了，期待着奖品。这时候，重要的是马上奖励它，这样它才会把奖品和正确行为联系起来。

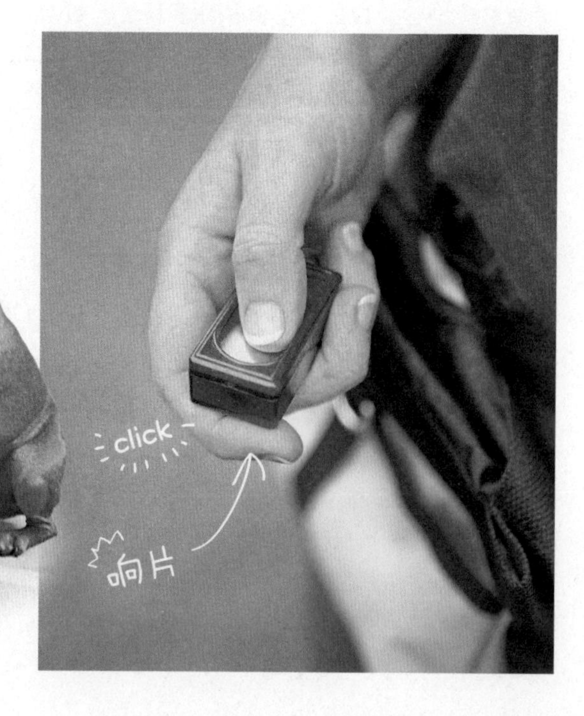

需要牢记的事

开始游戏前，确保你可以很容易地从狗狗那里拿走东西。

不要玩互相争夺的格斗游戏或是让狗狗追逐孩子。虽说这两个游戏都很刺激，但是在游戏过程中可能会失控。

每天都要有频率地在家或者在户外进行游戏。

游戏时间不要过长，最多进行15分钟（时间取决于游戏进度），在狗狗意犹未尽时结束。

玩游戏时，你的声音要让狗狗兴奋，要多说表扬和鼓励它的话语。

当狗狗想玩游戏时，只有它在做成你想要它做的事情后才能开始，比方说安静地躺着。这会激励它做出正确的动作。

每个游戏结束后将玩具收拾整齐（如果你想，也可以教狗狗帮忙）。

如果狗狗不想玩游戏，永远都不要强迫它。

符号含义

游戏所需的狗狗数

游戏所需的人数

户外游戏

室内游戏

户外或室内都行

汪!

目录

101 fun things
to do with your dog

训练游戏

Training Games

一般来说，所有狗狗的理解和学习能力都是一样的，它们可以学得更好，这也能证明你是个好主人，而且你也能从中获益。没有经过任何基本训练的狗狗可能会是个好伙伴或是好朋友，不过如何知道它在任何情况下都是安全和可依赖的呢？答案无从知晓。但是，每天充满乐趣的训练，将会为你和狗狗提供互相学习和建立亲密互信的机会。要达到这一目的，你并不需要成为一个专业的驯狗师，只须定期做一些简单的游戏就能创造奇迹。总而言之，训练游戏是促进狗狗身心健康的一种很棒的方式。有用的训练方法能够增强狗狗的自信心，预防不良习惯，赶走无聊，还有助于狗狗学会有用技巧。你可以考虑购买两个道具，一个是响片（见第Ⅳ页），宠物商店或网上都有出售；另一个是哨子，它可以保护你的嗓子！

1

1

Game

1 坐下与原地不动

Sit and Stay

游戏前的准备

牵引绳、奖品、响片（可选）

要想让狗狗学会坐下，首先要准备好奖品（如果有响片，也请准备好）。确保周围没有任何分散狗狗注意力的东西。面对狗狗，用绳子牵好，对它说“坐下”，在你下达命令的同时使用响片（如果你有响片的话）。毫无疑问它会想你究竟在说什么，然后再来一次，这次用手轻轻地推它的屁股，直到狗狗的后腿往下弯。若狗狗做对了，就给它一个奖励，永远都不要强制它去做任何动作。这个简单的命令需要多次重复（通常要重复数日），直到它可以在听到你的指令后独立完成坐下的动作为止。

一旦它学会了坐下，你就可以教它如何保持原地不动了。同样，训练的方法是重复命令（使用奖励和响片）。狗狗在你离开的时候，可以在原地保持一段时间不动，直到你告诉它可以离开为止。最好先让狗狗坐下，接着你发出“别动”的命令，然后慢慢地走开——一开始时不要走远。如果狗狗看起来想要离开，那就重复“别动”的指令。一旦你离开它几步远的距离而它还没有动，那就走到狗狗身边奖励它。它可能要花上好几天才能学会这两个动作。即便它是一只年龄稍大的狗狗，你也能教会它。

或试试这样

在你教它坐下的时候，不妨试试把奖品放在它的鼻子前，而不要去轻推它的屁股。把奖品往狗狗的头上举，它会盯着奖品，抬起头，自然而然地坐下来了。

Game

2 音乐抢椅子
Musical Chairs

这个游戏正如它的名字一样：为狗狗设计的“抢椅子游戏”。先把垫子摆好——想摆多少这取决于你。摆成一个圈圈或者一条直线都可以。给狗狗项圈系好绳子，让你的朋友来放音乐。带着狗狗围着或是沿着垫子走。音乐一停，你们也要停下，命令狗狗“坐”在离它最近的垫子上，之后使用“别动”的命令。当音乐再次响起时，才准许它离开。在每次它服从“坐下”和“别动”的命令之后，给它奖励。有些狗狗很快就会知道音乐停了就意味着应该坐下，然而有些狗狗可能要花很久才学得会。就算你和狗狗可能配合得不那么默契，但是你们也会乐在其中的！

游戏前的准备

牵引绳、垫子（孩子们的大垫子最好不过）、CD或是收音机、奖品

或试试这样

为什么不带上孩子们一起玩？让他们拿些椅子过来，当然也可以把垫子换成椅子。你或是孩子用绳子牵着狗狗带它玩，这样可以避免它太过兴奋，或是太迷糊，对游戏一点儿也摸不着头脑。

Game

3 趴下吧！

Down, Boy!

1

1

游戏前的准备

奖品、响片（可选）

一开始，先让狗狗坐在你面前。你跪在地上，把手里拿着的奖品靠近它的鼻子。把奖品慢慢朝着地下放，奖品一直保持靠近它的鼻子。狗狗身体向下移动的时候，要一直不停地夸奖它。随着它的鼻子跟着奖品移动，它的前腿会自动弯曲，接着前腿肘部会碰到地面，之后身体的其他部分也会碰到地面。只要它趴下身体，就按下响片（如果使用响片的话）并且夸奖它，这样它就会知道它做对了。趴下后，就给它奖励。只有当它已经趴在地上的时候，才能使用“趴下”这个词，要循序渐进。一旦它试图站起来，就马上用奖品引诱它，随即命令它“趴下”，让它回到原来你想让它坐下的位置上。有响片可以再次使用响片。当它坐回原来位置，马上鼓励它。在每次训练中，这个过程要重复五次，要一直使用鼓励和奖品来做正面强化。这项练习不限地点，你可以在任何地方进行，这有利于狗狗把动作和命令联系起来，而不是把动作和某个特定的时间和地点联系起来。

或试试这样

在训练中，如果狗狗表现笨拙，比如可能要打滚儿或者是它扑通地摔倒了，也不要失去耐心。这时候应该停止训练，下次再继续。如果发觉狗狗厌倦了游戏，那就别继续了，因为再继续训练它也不想理睬你了。

Game

4 静静看着我

Watch Me

教狗狗集中注意力是很重要的。如果你能让它忽略身边的东西，唯独注意你，那么教它其他事也会变得很容易。永远都不要直直地盯着狗狗的眼睛，狗狗会认为直视它是在向它发出挑战，有的狗狗甚至会变得有攻击性，这尽管发生得不多，但是也确实存在。和狗狗对视片刻没有关系，但如果发现它看起来不对劲了，要立刻转移视线。

你可以在手里或是包里藏上一些狗狗最喜欢的奖品。面对狗狗，当它直视你的时候，对它说“看着我”，并且马上给它一个奖品，同时鼓励它。你会发现狗狗会很自然地看着你。下次当你拿起它的狗食碗或是牵它的绳子，而它又看着你的时候，就说一句“看着我”，慢慢地它就会知道这个命令的意思。每当它看着你的时候都可以做这个练习。狗狗可能得花一段时间才会明白，在它明白了“看着我”的命令后，就再重复一次这个练习。如果它不看你，就不要再说别的话，下次再继续。只要它做对了，就要表扬它。

1

1

游戏前的准备

奖品

或试试这样

为了获得狗狗的注意，可以把奖品快速放到你的眼前晃一晃。它的目光一定会紧紧盯着奖品。

让狗狗学会集中注意力

 1

 1

游戏前的准备

牵引绳、奖品

或试试这样

这项训练不只限于车，也可以教狗狗跟着进出门，或是散步之后，让狗狗在门口等待你的命令再进家门。记住，所有的训练游戏对狗狗而言都是有趣的，因为它喜欢取悦你。

狗狗的乘车礼仪

Game

5 跟着我

After you

首先要让狗狗知道你才是主人。你要定好行为规则，不要让狗狗把你拽进车里，也不要让狗狗在你停好车打开车门的时候，不顾危险地第一时间冲出去。

狗狗在车上坐哪个位置是由你来决定的。后座通常更安全，要是你的车是一辆旅行车或是越野车的话，那这一点更毫无疑问了。牵着狗狗到车前，让它坐下。接着把车门打开，让它等会儿。这时候如果狗狗想上车，你需要冷静地拉它回来坐下，再重新开始。当你准备好了，对它说“上车吧”，并且鼓励它上车。如果狗狗不需要你拉着它，就自己上车了，要马上奖励它，多重复。最后，即使去掉狗狗的牵引绳，它也能耐心等待你发出命令后再上车。

安全下车也需要勤奋地训练。将牵引绳系在坐在车上狗狗的项圈上，对它说“等一下”。一听到“下车”的指令，狗狗应该敏捷地跳下车，而不会过分激动或是想着跑到别处去玩。同样，如果它做对了，请奖励它美味的食物。在每到一个新地方之前，都对狗狗进行如上的常规训练会大有益处，因为你会拥有一个既懂礼貌又可信赖的旅行伙伴。

Game

6 见面和问候

Meet and Greet

不管是在家招待客人还是外出游玩，有礼貌的狗狗一定会给别人留下深刻印象。一般情况下，一只幼犬每天至少需要见到3张新面孔，所以你大可在家招待客人，或是经常带狗狗出去，即使是一只年长的狗狗，这样做对它也是有好处的。当狗狗在其他人身边（或是其他狗狗身边）时，你要拴好它，直到它知道怎样与人接触是恰当的之后，才可以解开绳子。在拴好狗狗之后，你也可以鼓励其他人与它接触。狗狗要是接受别人的爱抚，就奖励它。不要鼓励狗狗跳到别人身上。如果它这么做，坚决地对它说“不”，并且轻轻地把它拉回来。如果它学会了这些，或者你觉得它已经很不错的时候，可以松开狗狗的绳子，让其他人靠近它，爱抚它。

游戏前的准备

牵引绳、奖品

或试试这样

邀请孩子们围在狗狗身边，让狗狗与孩子们一起玩。给孩子们展示如何让狗狗坐下，特别是孩子们想让狗狗跳起来的时候。同样，在狗狗做对的时候表扬并奖励它。这会令狗狗在外出时候能很好地与其他人接触和互动，也会让你安心。

Game

7 召唤游戏
The Recall game

这个游戏很好玩，而且狗狗永远都不会厌倦。请一位家人或是朋友跪在地上，轻轻地抓住狗狗的项圈。你跪在离狗狗3米远的地方，叫狗狗的名字（可以使用响片）。如果它跑到你身边，就捉住它的项圈好好爱抚它，并给它奖励。

它表现得好的话，就轮到你来抓住狗狗的项圈，而另外一边的人叫唤它的名字。在他叫狗狗名字之前，你不要松开狗狗的项圈。要是狗狗听到自己名字后要动身，就立刻放开手。

这个游戏不必玩太长时间，只要有趣就行，但是一周至少要进行三到四次。最后，召唤游戏可以改成捉迷藏游戏。这时候需要再多加一个朋友进来，每个人都准备好一袋子奖品，但是不要同时叫狗狗的名字哦。

想要训练年幼的狗狗听从召唤来到你身边，这个游戏是最好用的方法之一啦！

或试试这样

如果狗狗平时是吃狗粮的，那可以在它晚饭时玩这个游戏。把它的食物分出一部分放在你这，等到它吃完狗食碗里的狗粮后，叫名字就可以开始啦。

1

2+

游戏前的准备

牵引绳、奖品、响片（可选）

一起来与狗狗互动吧！

Game

8 装死游戏

Play Dead

 1

 1

命令狗狗坐下，它若是听话，就奖励它。然后对它发出“趴下”的指令，同时用手指指着它，假装你是在朝它射击。别忘了当嘴里发出“砰”的一声时，用点小奖品诱导它趴下。等狗狗趴下后，拿着小奖品，在靠近它脑袋的位置画圈圈，试着让它跟着滚动，直至仰面朝天，就像死了一样。如果它这么做了，就立即把奖品给它，并表扬它。

这个游戏需要耐心，因为你得花时间让狗狗明白，当你说“砰”且用“枪”指向它时，它应该在这个指令下，依次完成蹲下和翻滚两个动作。它肯定可以学会的，但不要让它重复10次以上，这会让它很不耐烦。这个游戏的诀窍是，每当它对你的指令做出了哪怕一丁点儿的反应，你也应该给它奖励。日复一日的练习能够让它在被你“射击”时扑倒，然后滚个四脚朝天，假装自己挂了。

游戏前的准备

奖品

或试试这样

先来一声“砰”让它趴下，再补一声“砰”让它滚动。

Game

9 嗅一嗅

The Touch Game

游戏前的准备

熟香肠片（或其他美味食物）、响片（可选）

这个游戏将教会狗狗用鼻子去触碰不同的东西，奖励品是气味浓郁的食物。开始前先坐在狗狗面前，一只手里拿着一个小奖品，另一只手伸到狗狗鼻子前。它的鼻子触碰到手掌中心的那一刻，按下响片（可以加强命令的效果）并且给它奖品犒劳它。如果狗狗没兴趣用鼻子碰手掌，那就把食物在手掌中心摩擦一下，再试一次。在狗狗鼻子碰到你手掌的时候，对它重复说“碰一碰”。把那些食物藏在另一只手里，这样你就可以把它们作为狗狗触碰手掌心的奖赏，而不再给它喂食物了。

或试试这样

让狗狗用鼻子闻任何你选定的物体，之后给它奖励，用这种办法来帮它养成习惯。比如，把球放在距离狗狗几米远的地板上，等它走到球旁，嗅一嗅，那你就立刻按下响片并给它奖品。如果它对球不感兴趣，那就放一小块食物在球上来引诱它。它碰到球的一刻立马按下响片，并且说“碰一碰”，引诱它的食物就是奖品。重复几次以后，试着拿走食物。对狗狗有信心了以后，就把物体放远点，你可以把物体放在椅子或是台阶上，这时“碰一碰”的命令对它来说就是小菜一碟了。

教狗狗怎样请求外出

Game

10 响门铃

Ring My Bell

当狗狗学会了恰到好处地嗅东西之后，可试一试这个。手里拿着铃铛对狗狗说“碰一碰”，狗狗如果照做，马上按下响片（如果你使用的话）并给它奖励，这几个步骤要重复几次。如果狗狗很迟疑，不去碰铃铛的话，就在铃铛上涂一些它喜欢吃的东西。一旦狗狗不停地用鼻子触碰你手里的铃铛，就可以把铃铛放在地上了。当狗狗继续跟着触碰铃铛的时候，按下响片给它奖励，逐步带它了解“碰一碰”的命令。

在狗狗习惯了铃铛的声音之后，把铃铛挂在离狗狗有一段距离的地方。重复“碰一碰”的命令，如果做对了就给它奖励。一旦狗狗完全能听从“碰一碰”铃铛的命令，就把铃铛挂在门把手上，然后你可以带它出去玩，作为它碰到铃铛的奖励。

幼年狗狗更容易掌握这个游戏，因为它们会把碰铃铛和请求外出联系起来。

1

1

游戏前的准备

小铃铛、奖品、响片（可选）

或试试这样

这个游戏中的物体可以是任何东西。稍加训练，狗狗就能学会触碰大部分的东西。就像它可以学会认出不同物体和不同人名一样，它也可以学会用鼻子触碰不同的东西。如果可以，也能使用“碰响铃铛”来代替“碰一碰”的命令。可别忘了对狗狗来说，这是一个要取悦你的游戏。

1

1

Game

11 衔回物品

Fetch

游戏前的准备

牵引绳、奖品、两个一模一样的玩具、响片（可选）

这个简单游戏的目的就是为了让狗狗开心。一个简单的训练方法就是使用两个狗狗喜欢的一模一样的玩具。

一开始要拴好狗狗。把一个玩具藏在身后，把另一个玩具给狗狗看，然后扔出去，别扔远。松开狗狗的绳子，对它说“取回来”。狗狗会去追那个玩具，然后咬住它。当它叼着玩具返回时，按下响片（如果有用到），并且把另一个玩具给它，作为奖励。它很有可能把叼着的玩具丢下，立马去玩另一个了。等狗狗回到你身边，再次系好绳子，然后再把新的玩具扔出去，之后对狗狗说“取回来”，并解开绳子，放它去追。当它去追新玩具时，你赶快把第一个玩具拿回来。把这个过程重复几次，在游戏中使用“取回来”这个命令。

或试试这样

扔出物体后，稍等一会儿再松开狗狗让它去追。这样可以给狗狗足够的时间让它能清楚地注意到物体，并且更加渴望把物体取回来。

Game

12 放下东西

Drop!

“放下”是你要教会狗狗的最重要的命令之一。这个命令不仅会为你带来方便，也会让狗狗更安全。某天，狗狗嘴里叼着它不应该叼的东西，这就是你要教会它这个命令的时机。每天游戏或是咬骨头的时间结束后，这个指令就会变得很日常，让狗狗帮你收拾玩具和骨头，完全不费吹灰之力。

和狗狗一起挑选玩具，和它一起玩。当它嘴里叼着玩具时，把一块美味的食物放在它鼻子前，对它说“放下”。如果是它喜欢的食物，它会马上张嘴吃食物，玩具就掉在地上了。所以，把握时机很重要，必须在它开始张嘴的同时对它说“放下”。按下响片，夸奖它，爱抚它，并且奖励它。

学习这个命令需要数日，你要为狗狗提供很多机会，让它听到同样的命令时，用它嘴里的玩具来换奖品。重复几次后，它便会将张嘴与“放下”的命令联系起来。

当对狗狗有信心后，可试着不再使用奖品，只是下命令。如果训练次数够多的话，它会放下玩具，放下后再给它奖品。最终，它会学会在没有奖品的情况下放下玩具。

1

1

游戏前的准备

球、奖品、响片（可选）

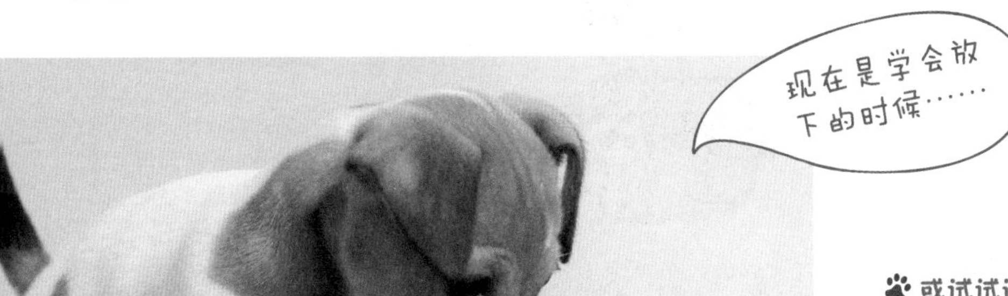

现在是学会放下的时候……

或试试这样

用狗狗最喜欢的玩具来练习放下。如果它能放下它真正喜欢的东西，证明你的狗狗已经被你训练得棒棒的了。

Game

13 识别游戏

Recognition Games

游戏前的准备

道具（球、牵引绳、碗）、毛巾或垫子、奖品

你有没有想过，可以训练狗狗找到特定的物体，比如说它的玩具。

拿出一个玩具，比如说一个网球，让狗狗碰到网球，然后对它说“碰碰球！”，让狗狗注意到网球的同时，也能让它知道球的发音。着重强调“球”这个音，重复五次之后，把球拿过来藏在毛巾或者垫子下面。现在，让狗狗来“找球”。当它找到之后，表扬它，给它食物奖励，并让它玩一会球。这个练习重复几次，但要记住把球藏在不同的地方。如果狗狗需要帮助，你也是可以引导它找球的，但是要尽可能让它独立完成。

或试试这样

一旦狗狗听从命令找到了球，就用其他物体来代替球和它继续玩，这样它可以学会听懂其他物体的名字。对狗狗来说，这很有趣又很有挑战性，因为它不得不去学会思考，这对它来说很有益处。这也是一种很有用的技巧。比如说，当你丢了车钥匙时，可以对狗狗简单地说一句“找找我的钥匙”，狗狗就会发挥它天生的本领以及后天所学的知识去找钥匙。这个游戏中最有效的道具是狗狗的饭碗、玩具、帽子、手套，还有最常使用的牵引绳。

游戏前的准备

家人和朋友、奖品

狗狗能找到球了，可是它能找到妈妈吗？

Game

14 听名字找人

The Name Game

让狗狗通过名字找到东西是一个很简单的过程，现在你将要教会狗狗怎样认出（并且找到）不同的人。

请一位家人或是朋友在狗狗面前炫一炫奖品。这时你牵住狗狗，而这位家人或是朋友离开这里，走去其他地方；要是在室内，就走到其他的房间。让狗狗看着这个人（带着奖品）离开。当他藏好了以后，告诉狗狗“去找彼得！”并且松开它的项圈。如果它找到了彼得，就奖励它。而彼得应该在狗狗找到他后，立刻给狗狗奖品。你跟着狗狗，要一直表扬它。这样重复5次或是在狗狗厌倦了后停止游戏。

休息片刻，重复以上的步骤，但是要让彼得每次去不同的地方。慢慢地，随着训练的深入，可以加大搜索难度。在被狗狗找到之后，那个人应该立刻给狗狗奖品，而你一定要一直跟着狗狗，不断夸奖它。

或试试这样

当狗狗找到彼得后，可换另外的人重新开始，比如“去找丹尼尔！”最后它会记住全部你让它搜索的人的名字。

Game

15 灵活小游戏

Run,Jump,Weave

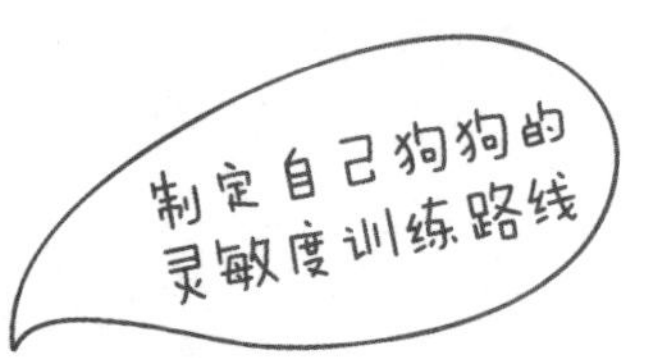

这个游戏不仅有趣，同时也是训练狗狗顺从听话的好办法。现在就开始设计自己的路线吧！先设计跳跃路线——你可以在倒扣的几个木桶中间挂一些花园里的藤条。然后再找一块宽木头做个斜坡，将一些雪糕筒路锥或将藤条插在盛满土的桶里，等距离排列好，一条迂回路线就出来了。

拴好狗狗，吹响哨子，或是发出"出发"的命令。带着它在路线上跑，一路鼓励它（每当它跃过路障或是跑对了迂回的线路时，就可以按下响片）。你的目的是要让狗狗跳过路障，越过斜坡，迂回穿过那些障碍。这需要一些时间和练习，因此开始时把斜坡设置得缓和一些，并且把那些路障距离设成等距离的。在它学会怎么做之前，要一直牵着它进行训练。学会之后可以让它坐在开始的地方，去掉绳子，吹响哨子或命令它出发，看它会怎么做。最好一直在旁边跟着它跑，因为这就是一种团队精神。有空的话也可以邀请一位家人或是朋友站在路线的终点，为你们呐喊助威。只要狗狗看起来有一点点的厌倦，就马上停下来，下次再玩。当它不断进步，跑得越来越快后，你可以尝试计时，看看它能不能打破自己的纪录。

1

1+

游戏前的准备

牵引绳、跳跃路障（购买或是用家里做的箱子、圆木块、木桶、花园栅栏等制作）、雪糕筒路锥、奖品、响片（可选）、哨子（可选）

或试试这样

作为训练的一部分，当然要设个障碍独木桥。使用三块相同宽度的木板和两个倒扣的木桶。用一个木桶来支撑第一块木板，制成斜坡；第二块木板平铺在两个木桶之间，用第三块木板与第二个木桶再架立一个斜坡。要确保斜坡的安全性，而且桥的高度不要超过狗狗身高的两倍。这不仅很有趣，也能满足狗狗上蹿下跳（或是钻进钻出）的运动需求。

Game

16 得令游戏

Simon says...

1　　2+

游戏前的准备

奖品、孩子们（可选）

这个有趣的游戏能教会狗狗服从命令，并且会让狗狗在你下命令时把注意力集中在你身上。

这对狗狗来说是个很棒的游戏，狗狗会学到游戏中的人们正在做的动作。让大家站成一排，而你站在他们前面。游戏开始，你说“坐下。”这个命令你已经教给过狗狗，所以着重强调“坐下”这个词就好，好像你在下达命令一样。如果狗狗照做了，扔给它奖品。然后，对大家说“举起手。”每个人都举起了手，这时你走到狗狗旁边，把它的小爪子轻轻地举起来，夸奖它并且给它奖励。尽量让更多的孩子加入游戏中。一旦狗狗掌握了基本动作，试试升级版：躺下、趴下、拜一拜、握手。

游戏规则要尽量简单、操作性强，这很重要。像“把手放在自己头上”，这个命令狗狗就很难做到。游戏开始时，先要求大家做狗狗已经学会的动作。

或试试这样

如果狗狗看起来玩这个游戏不太顺手，为什么不让它和你一起扮演游戏领导者的角色？让狗狗坐在你身边看着其他人玩。这时你仍然可以鼓励它，并且让它稍后再加入游戏。

狗狗也可以玩
得令游戏

Game

17 诱惑之路
Temptation Alley

1

2+

你的狗狗能抵制一路的诱惑吗？

游戏前的准备

狗狗喜欢的玩具、不同食物、秒表

这个游戏名字的含义是：你能让狗狗经过铺满它心爱之物的小路而毫不动心吗？这是一个很棒的游戏，也是一个很酷的训练。

你要做的就是设计一条足够长的诱惑之路。趁狗狗不在身边时，在路面上摆一些它喜欢的食物或是玩具，把这些东西随意地撒在小路的两边。

请一位朋友带着狗狗站在小路的起点，而你站在终点。当你准备好了以后，使用召唤命令（叫它的名字），如此它便会从小路这头跑向你。游戏的目的是让狗狗一路冲向终点线，而不是停下来吃东西或是玩玩具。

为了让游戏更有挑战性，试着在小路上摆放一些障碍物——可以是一些跳跃障碍或需要钻过去的隧道，这会让狗狗停下来思考。但它是否会绕过这些心爱之物获得胜利呢？

或试试这样

可以和朋友以及他们的狗狗一起玩这个游戏。最后获胜的当然是受到诱惑干扰最少的那只狗狗。还可以加大难度，逐渐把奖品和玩具放得越来越集中。也可以给比赛计时，这样更有趣。比赛结束时，当然要大赏狗狗啦！

Game

18 扔硬币

Drop the Penny

这个游戏是教狗狗学会自我控制的好方法。狗狗能按照命令坐下不动，这会让你对狗狗更加放心。游戏的目的是测试狗狗是否能在你把硬币扔到地上时，仍然保持不动。它的天性会使它走上前去看看你到底扔了什么——扔的会不会是个好奖品呢？当你扔下东西时，狗狗就去嗅探你到底扔了啥；它们是地球上最爱管闲事的生物啦！

命令狗狗坐下，你离它稍微远一点，一开始走三四步的距离。接下来，手里握住一块硬币，故意扔到地上。注意观察它的表情：它的整个注意力都会集中在你和你扔了的东西上，尤其像硬币这种撞击硬地面会发出很大声音的东西，会让它更好奇。这时候，重复“别动”这个词，让狗狗保持不动，只有在你允许后，它才可以动。一开始，可能效果不好，但是别担心，就像多数游戏那样，需要你给它时间和耐心。记住，如果狗狗努力坐着不动的时间超过15秒或是更久的话，就要一直奖励它，夸奖它，之后逐渐加长它不动的时间。

1

1

游戏前的准备

硬币、奖品

或试试这样

一旦你觉得，狗狗认为指令比扔的东西更重要，你就可以去离狗狗更远的地方，再试试扔其他东西，可以选择那些更让狗狗倾心的东西，比如玩具。如果你有信心，试着扔一个它最喜欢的食物——这可一定能测试出狗狗的定力哦。

Game

19 魔术师

Be a Magician

 1

 1

游戏的目的是促使狗狗开动脑筋。狗狗需要高度注意你在做什么，并且听从你的命令。

游戏开始的时候，先将几个塑料杯子倒扣在地上，并把奖品放在其中一个杯子里面，要让狗狗看到奖品去哪了，再把这几个杯子来回交换位置。

然后让狗狗去找奖品。等待狗狗发出信号，它知道奖品藏在哪个杯子下面，它可能会用爪子挠一挠，或坐在杯子旁边，或躺在杯子旁边，抑或冲着那个杯子大叫。不要让狗狗把杯子推倒找奖品，要让它向你指出它知道哪个杯子藏了奖品。

当狗狗正确指出了奖品藏在哪儿，你也很满意的话，就把杯子拿开给它奖品。一旦狗狗知道你要它做什么，就可以加大难度，多放几个杯子，让它继续找奖品，你还可以假装把奖品放在所有的杯子下面。另一种玩法是避开狗狗，把杯子放好，然后让狗狗来找出奖品在哪儿。

游戏前的准备

3—4个塑料杯子、奖品

或试试这样

如果狗狗喜欢这游戏，那当然可以继续加大难度啦！用锅来代替杯子，或是把奖品藏在密闭容器里（不能是透明的哦）。这会让游戏充满挑战，结果也很有意义。

101 fun things
to do with your dog

无聊终结者

Boredom Busters

一只百无聊赖的狗狗，就像一个百无聊赖的人一样，会很快厌倦生活的一切。我们中的很多人都把狗狗的快乐与它的身体锻炼联系在一起。但是要想让你最好的朋友真正感到开心，你也需要让它从心理上活跃起来，同时涉及体力与脑力的游戏有益于狗狗身心健康。你知道吗，其实你并不需要拿出很多时间来安排它的脑力训练。如果你经常和它玩这些游戏，便会发现狗狗的情绪更稳定了，不再那么焦躁不安，不再那么过度活跃，也不再那么注意力分散了，而且你也再不需要用大量体力训练来让它安静围绕在你身边。寓教于乐很关键。本章的很多游戏可以让你一举两得哟（智力开发与体力锻炼同时进行）！

Game

20 接飞盘

Fun with a Flying Disc

1

1

游戏前的准备

飞盘、奖品

大部分狗狗喜欢追逐物体。实际上，追逐快速移动的物体是狗狗的本能。你可将飞盘扔出几米远后，鼓励狗狗把它追回来给你。鼓励狗狗是这个游戏的关键。如果它没有本能地去追飞盘，就亲自上阵示范给它看！只要你跑去追飞盘，它就会跟你一起去的。

为了鼓励它去追飞盘，你可以跪下来，拍着自己的膝盖大声说“取回来”。如果它没有马上理解你的意思，别担心——如果你坚持不懈并且在它第一次追回飞盘后给它奖励，它马上就能学会啦。

当狗狗学会追回飞盘，你就可以把飞盘扔得远一点，高一点了。许多狗狗喜欢在半空中叼到飞盘。如果你有两只或更多狗狗的话，为什么不让它们来一场比赛，然后奖赏第一个接回飞盘的狗狗！

或试试这样

你不一定非要扔飞盘，可以扔一个网球，一个塑料盖子，甚至是塑料盘子。球不一定是往高处扔，也可以在地上滚，然后让狗狗追回来。

向前飞奔

1

2

Game

21 速度与激情

Fast and Furious!

游戏前的准备

牵引绳、秒表（可选）

对人类和狗狗来说，散步都有助于刺激和恢复精神，也是锻炼心肺和四肢的好方法。这个游戏通过改变步伐速度，让散步变得更加有趣。游戏以变换步伐速度为开始：比如你和狗狗以常速步行几分钟，之后加快速度，然后再减速。狗狗会喜欢这个新“游戏”，而且它很有可能会观察你的步伐速度，再判断自己接下来是不是要跑快点。

尝试玩一些测速游戏。请一位家人或是朋友拉住狗狗，而你走（或是跑）开。然后跪下，叫狗狗的名字，对方随即松开狗狗。开始计时，看狗狗跑到你身边需要多久。当它跑到你身边时，夸奖它并且奖励它。

如果你喜欢慢跑，为什么不让狗狗跟你一起跑呢？它会很乐意跟你一起做同样多训练的！

或试试这样

你倒后跑，让狗狗对着你跑，这听起来有点奇怪，但这确实是个很棒的方法。狗狗会很享受和你面对面哟！在跑步时手里拿着它最喜欢的玩具，这样能吸引它的注意力。不过要多加小心，别摔倒了。

Game

22 急转弯

Zig and Zag

紧接着刚才的“速度与激情”游戏，你可以试试这个“急转弯”。这个训练对你和狗狗都很有益处，也是建立双方信任的好方法。

游戏开始，让狗狗把注意力集中到你一个人的身上。你可以大喊它的名字，拍手，或是朝它挥舞一个玩具，然后开始跑——不规律地跑！从左向右急转弯，调转方向，可能会跳过一块小灌木丛，或者围着树或是电线杆跑。（我早就说这对你身体也是有好处的！）狗狗也会喜欢这新奇的跑法，它会琢磨你接下来会往哪跑；这可以让它的注意力久久集中在你身上，你想有多久，就有多久。最好在手里藏一块它喜欢的奖品。要一直表扬它，为它出色的表现给它奖励。

1

1

游戏前的准备

玩具、奖品

或试试这样

请一位朋友和你一起玩这个游戏。两个人同时出发，朝不同的方向跑，注意看玩得兴起时，狗狗到底决定跟着谁跑，朝哪个方向跑。

猛冲游戏

发挥鼻子的本能

Game

23 跟踪

Keep on Track

狗狗的嗅觉是很惊人的，这个游戏让这个功能发挥到极致。

在这个跟踪游戏里，你可以让狗狗尽情享受嗅觉带给它的乐趣。首先，选一个带有你的气味的玩具或是手帕。

在不拴住狗狗的情况下进行游戏，效果才最好。因此，一定要在狗狗很听话的情况下才解开它的牵引绳。如果你不确定，可先玩第一章中的游戏，或者使用一个长长的牵引绳。选择一处有树丛、墙或长椅的地方来藏东西。请一位家人或是朋友牵着狗狗，分散它的注意力，而你去藏东西。

藏好之后回到狗狗身边，带着它朝第一个藏有东西的地方走去，鼓励狗狗用鼻子找到它。有的狗狗可能会“追踪”——或是跟着你的脚步，因为它们发现了你身上的气味，并且循着它找到东西。有的狗狗在路上会捕捉到物体飘在空气中的气味，是真正用鼻子捕捉到那些气味哟。

这个游戏能很好地开发狗狗的智力，还能让你真正地感受到狗狗的成长。嗯，长成一只聪明的狗狗！

1

2

游戏前的准备

玩具、手帕、奖品

或试试这样

如果其他家人（成人或是孩子）有空闲的时间，可以请他们带着奖品藏起来。这对整个家庭来说是很有趣的游戏。你无须每次都给狗狗奖品——当它找到你时，多去爱抚它，或是语言上表扬它，这样狗狗就很开心啦！

游戏前的准备

手电、奖品

或试试这样

把光束打到地板上，打出不同的形状——围着自己打出圆圈或是数字8。你还可以把手电筒藏在东西下面，让狗狗来找——保证你们会欢乐多多。

Game

24 追手电筒

Shine a Light

这是一个让人欲罢不能的游戏。无论在室内还是在室外的花园里，你的孩子还有狗狗都会乐在其中。

打开手电筒，手电筒的光线就是狗狗要扑向的目标。首先要让狗狗习惯你把光线投射到地面上，接着观察狗狗，它会发现游戏的目的就是要跳到光线上。你要一直大声鼓励它——大呼“抓到啦！”这样狗狗就能把这个词语和游戏联系起来。别忘了你的热情最能鼓励它尽情玩耍。若狗狗成功地跳到光线上，就奖励它。

要狗狗进入角色很容易。在你还没有意识到的时候，狗狗就已经扑到一束光线上了，这时候你可以趁其不备再打另一束光。你甚至可以把光打到墙上或是书上，但是如果狗狗太兴奋了，要注意它的叫声，不要吵到邻居。

Game

25 追遥控玩具

Remote Control

这个游戏就是追逐移动的物体。你可以使用一个遥控玩具汽车，或是机器人，或是任何能够独自移动的玩具。

使用遥控器遥控玩具，让狗狗对移动的玩具产生兴趣，把注意力完全集中在玩具上。你甚至可以在玩具上放一个奖品，狗狗会更兴奋。

鼓励狗狗追玩具，夸奖它。我可以保证这个游戏马上会成为狗狗的最爱。如果你有两只狗狗，这个游戏照样适合它们一起玩；你会发现，只要有“奖品”，两只狗狗就会勇争第一，但是一旦狗狗有相互攻击的迹象，立刻停止游戏。

1

1

游戏前的准备

可远程控制的玩具、奖品

或试试这样

为什么不试试让你的孩子或是其他家人控制玩具呢？哪只狗狗在特定时间内获得的奖品最多，就是胜利者，特定时间可以是5分钟。

追玩具，才有趣

1+

2

游戏前的准备

奖品

或试试这样

要知道狗狗能很快记住你平时喜欢藏东西的地点，所以要尽量把东西藏在不同地方。如果是在室外，你可以藏在树、井、车的后面，但一定要保证狗狗的安全。

Game

26 捉迷藏

Hide-and-Seek

这个游戏源于我们人类乐此不疲的经典游戏——捉迷藏。你会惊奇地发现狗狗也一样喜欢这个游戏。

狗狗版的捉迷藏有两种开场方式：可以请你的朋友或是家人捉住狗狗；或者请他们先把狗狗关在屋子里。接下来你要做的就是藏起来，就是这么简单。如果你有两只狗狗，它们可以一起来找你。

若在屋里进行游戏（而且你允许狗狗到楼上的话），你可以藏在床底下，壁橱里或是静静地躲在敞开的门后。楼下也有不错的藏身之处，其中包括沙发后面，盥洗室，或是桌子底下。当狗狗找到你时，一定要给它奖品哦！

大部分狗狗都是玩这个游戏的好手，这是因为它们灵敏的嗅觉和爱探索的天性。如果你的狗狗在开始时摸不到诀窍，轻轻地叫它的名字——它马上就上手啦！

Game

27 找香肠

Seek the Sausage!

1

1

这个游戏是捉迷藏的简单变换。这回你不再自己藏起来，而是把熟香肠（或是其他香气浓郁的食物）藏起来。

先把狗狗关在房间里，这样它就不知道你把食物藏在哪了——想想该把食物藏在哪儿才可以让狗狗开动脑筋，费心去寻找，地毯下，椅子后面，窗台下都是好地方。如果你想把食物藏在枕头下或是洗衣篮里，要记得把食物用纸巾或是塑封膜包好哦！

要让狗狗知道游戏何时开始——你可以用哨子或是下命令说："去找吧。"如果最初它需要你的帮助，那就帮帮它。随着对游戏越来越熟悉，藏食物的地点可以变得更有创意。

如果两只或更多狗狗一起玩这个游戏，一定要多加小心。两只狗狗找一份食物的结果很可能是它们扭打在一起！

游戏前的准备

熟香肠（或其他美味食物）、哨子（可选）

或试试这样

狗狗有极强的"挖掘"本能，它们喜欢寻找任何埋起来的东西，所以可以试试在旧垫子或是报纸堆下面藏食物哦。

一个很棒的派
对或万圣节的
恶作剧

Game

28 咬苹果

Treat Bobbing

咬苹果的游戏通常是和万圣节联系在一起的，但是狗狗版咬苹果游戏可不只是在万圣节才玩哦。很多只小狗一起玩，会更开心。如果周围没有养狗的朋友，那可请成人和狗狗来个咬苹果比赛。

将桶或是碗里装满水，要足够多，这样奖品才能轻松浮在水面上，这样的情况下，抓奖品对人（或是狗狗）都会是个挑战。在水桶下放些旧报纸，水桶里放满奖品。如果不想让人同狗狗共享一个水桶，就为参与者再单独准备一个。

把狗狗带到这些容器前，让狗狗闻一闻：它们会发觉这里有奖品。一次只能有一只狗狗（或一个人）来参与，狗狗或人跪在地上，靠近水面，努力用嘴去咬住一个奖品，只能用嘴哦！每个参赛者每次限时45秒到1分钟。捞到奖品的狗狗就可以享用这些美食啦。

如果几只狗狗一起玩，一定要提防它们因为奖品而发生争执。除非你百分之百肯定狗狗们不会因为奖品打起来，否则一定不要让狗狗们同时去捞一个容器里的奖品。

1+

1+

游戏前的准备

大碗或是水桶、球、旧报纸、熟香肠（或其他美味食物）

或试试这样

如果你不想弄湿地板，可以试试沙地版找奖品游戏，把奖品藏在弄乱的纸堆里面，或埋在沙子里（有点像抽奖券），让孩子和狗狗凭感觉去找到人类的（或是狗狗的）奖品。

Game

29 蹦蹦跳跳

Up and Over

公园、田野或是空旷的郊区都是训练狗狗灵敏性的理想场所。毫无疑问，它喜欢这些挑战。在散步的时候，你会惊讶地发现它随时都能找到“障碍物”——树木、门、坑洼的小路，或许还有一些大石头，这些都会成为训练狗狗灵敏性的重要道具。

迂回：首先要用绳子拴好狗狗，奖励它，鼓励它，并带着它向树林走去。带狗狗在树林里穿梭，迂回前进，整个过程中一直鼓励它，它马上就会明白需要做什么，接下来就可以加快速度了。当你对它有信心了以后（这可能需要几天时间，而不是几个小时就能实现的），给它松开绳子，让它跟着你。如果它能独立完成全程，记得给它美味的奖赏哦。

跳跃：如果狗狗已经满一岁，就可以教它跳跃了。同样的，要先找到一处天然的“栅栏”——可以是一根大树枝，倒下的小树，甚至可以是湍急的小溪。如果可以，你大可牵着绳子带它一起跑一起跳。然后逐渐增加速度，这样它就会越跑越快了。在它熟悉之后取下绳子，鼓励它自己跳——别忘了在它取得成功后给它奖品哦！

1

1

游戏前的准备

牵引绳、奖品

或试试这样

如果对你来说不太容易找到郊外场地的话，也不要担心。这个游戏也可以在城里玩，只是不能跑太远而已。试着寻找狗狗可以跳跃的物体，比方说坑洼的道路，或在没人的小路上拉几段绳子。虽然玩这个游戏时要系牵引绳，但对狗狗来说这依然是个很有趣的游戏。

迂回奔跑，
旋转跳跃

1

1

游戏前的准备

软布、铁环、长棍或拖把柄、奖品

或试试这样

把奖品放在狗狗鼻子前引诱它，让它的头轻轻地从一边转向另一边，从上到下来回画一圈。

Game

30 猎犬的锻炼
Workouts and woofs

如何拥有一只健康的猎犬

首先，让狗狗保持轻松且平和的精神状态。用一块柔软的布轻轻地擦一擦狗狗身体。从一边到另外一边，用点力，再到擦狗狗的四肢。在整个过程中夸奖它，也可以给予它奖励。接下来，做一做热身运动。举起奖励食物，诱惑狗狗围着你转来转去，先是顺时针，再是逆时针。

手里握住大铁环，放低接近地面，鼓励狗狗一路小跑跃过铁环。每次它成功跳跃过去，都要给它奖励。如果它掌握了这些技能，而又已经满一岁了，就可以高举奖励食物，鼓励狗狗后腿发力跳起来吃奖品。这种训练一回不要超过五次，因为这可能会对它的关节造成损伤。

最后，手握长棍或是拖把柄，离地面大概7.5厘米（或许你需要朋友帮忙），让狗狗跳过来，再跳过去，记得用奖品鼓励它。这是一种有氧训练，需要持续大概3分钟。重复用布来擦狗狗的全身，这可以让狗狗在训练结束后平静下来。

Game

31 一起来锻炼
Work Out Together

1

1

游戏前的准备

球、奖品

为什么不在遛狗时顺便锻炼自己身体呢？去一个安全空旷的场地，条件允许的话可给狗狗松开绳子。停下来做一些简单的伸展运动，弯曲和冲刺运动来活动四肢，强健心脏。在运动的时候，让狗狗绕着你跑。狗狗会好奇你在做什么，在你伸展胳膊的时候，如果狗狗想要跳起来，就鼓励它这么做。

绕着圈跑一会儿，让狗狗来追你，然后再和狗狗一起冲刺跑。做这些运动不需要太费力，但这确实能保证你和狗狗每天的散步都收获多多。当然也可以给狗狗奖励。

安全是很重要的，不要让狗狗在不合适的时机跳起来，也不要让狗狗太靠近脚边而绊倒你。狗狗能不能参与进来，靠的是你用常识来引导它。当狗狗可能会挡你路的时候，可用球来分散它的注意力。

或试试这样

如果不方便出门，也可以在家里做一些简单的运动。大可试试放你最喜欢的音乐，和狗狗一起疯狂地跳15分钟舞蹈。它会很开心地围着你跑来跑去，这就可以锻炼到心脏了。

怎样养出一只健康的狗狗呢

Game

32 穿隧道

Tackle a Tunnel

穿隧道是一种简单的游戏，却能带给狗狗很多快乐，如果有其他“伙伴”一起加入，就更好啦！穿隧道也可以变成赛跑或者捉迷藏游戏里重要的一部分，可以用来提高狗狗的敏捷性。

首先，你需要一些大纸盒。把它们的底部和顶部打开来，排在一起，用胶带把它们连成一排，这样一个对狗狗来说足够大的隧道就做成啦。开始时可以先用两三个盒子做隧道，当狗狗明白游戏要领后，逐渐把隧道做长。

带着狗狗来到隧道口，你站在隧道另一端，命令狗狗穿过隧道。一开始它可能需要很多的鼓励。可以试着在隧道外和狗狗一起走。如果需要，可以请另一个朋友帮忙控制着狗狗。当狗狗到达终点，给它奖励，慢慢向狗狗介绍“隧道”这个词。这个游戏能让大家都乐在其中。

1+

1+

游戏前的准备

纸盒、胶带、奖品

或试试这样

如果纸盒足够坚硬有韧性，可以在隧道一端底部垫上一些砖头或是书。甚至你可以从玩具店买来隧道的道具。这样就可以让你的孩子一起来玩啦！

Game

33 击掌！

High-Five

游戏前的准备

奖品、响片（可选）

或试试这样

狗狗学会了跪下击掌这个命令，你可以试一试进阶版，站起来同狗狗击掌。

如果狗狗很喜欢你，那它就更加容易学会这个小技能了，因为很多狗狗在表达它们喜爱的心情时会自然地伸出它们的小爪子。当狗狗坐下时，你跪在它面前，手里藏着一个奖品。把手伸到它面前，这样它就会闻到食物的味道，轻轻把手张开一点，这样它会把身体重心从它的爪子（你希望它抬起的那只）上移开。如果它抬起爪子来碰那个奖品，按下响片（如果有使用的话）并且奖励它。如果它不太情愿这么做，可轻轻地挠一挠它的爪子，这样它就会抬起爪子，接着按下响片并且奖励它。继续练习，慢慢教会它“击掌”或是“抬爪子”的发音。

对狗狗来说，握手和击掌看起来是一样的，因此你可以使用同一个命令。当狗狗尝试抬起爪子时你要迅速举起手掌，这样会保证它与你击掌；如果同时它能获得奖品，那效果就更好啦。坚持练习——这是一个既有趣，又简单的小游戏。请家里的其他成员也和狗狗做练习。练习得越多，狗狗掌握得越快。

Game

34 该收拾一下啦

Time to Tidy

1

1

游戏前的准备

玩具、玩具盒、奖品

孩子们经常被大人叫去收拾他们的玩具，但你一定发现了，收拾东西对小孩来说可能很烦琐，但是对狗狗来说却是很有趣的。事实上，如果你花点心思训练狗狗，你以后都不用替狗狗收拾它的玩具啦。

这个游戏需要你准备好狗狗最喜欢的玩具，以及放玩具的盒子。要把玩具盒放在狗狗视线之内，方便它放东西进去。把玩具放在地板上，命令狗狗把它“取回来”。

狗狗叼住玩具后，马上跪在它的玩具盒旁边呼唤它。命令狗狗“给我”玩具，让狗狗看到你把玩具放到了盒子里，表扬并奖励它。重复做这个练习，直到狗狗可以自己把玩具拿到盒子旁边，并把玩具放入盒子内。一定要耐心——狗狗需要很多次练习才能做好。

或试试这样

当狗狗可以把某一个玩具收拾好以后，你可以进阶到命令狗狗来整理两个玩具，之后还可以把三四个玩具散落在房间不同地方，让狗狗来整理。最后，你会看到在你的命令下，狗狗会把自己的玩具统统整理好。

Game

35 一起来聚会

Puppy Love

这的确是个赶走无聊的好办法，这个游戏也为你和狗狗提供一个有趣又有效的社交方式。

无论哪个季节都可以，选一个好天气，再挑一个安全的地点来和朋友以及她的狗狗会面，在这里可以给狗狗们松开绳子。这个聚会没什么特别之处，只是让狗狗们一起玩耍而已，这时你可以和朋友或家人聊聊天。第一次约会时，要拴好狗狗，尤其在它们互不相识的情况下，这一点尤为重要。不过无需片刻，它们就会成为一生的好伙伴。

尽情地夸奖狗狗吧，当你对它放心了，可以给它解开绳子。鼓励狗狗们一起玩耍，给它们扔球，给它们奖励——如果其中一只狗狗因为表现好得到奖励，另一只狗狗也应当给予奖励。

如果狗狗之间有敌意，当然这种情况比较罕见，就把它们重新拴好，然后一起散步几分钟。通常，一只狗狗被拴着，另一只自由奔跑的话，可能会引发狗狗危险的行为；这是很正常的，也很容易解决，公平对待两只狗狗就可以了。

游戏前的准备

牵引绳、球、奖品

或试试这样

如果你没有养狗狗的朋友，可以带着狗狗去上训练课或者参加为狗狗组织的活动。当然，如果你经常在公园或是其他户外场地遛狗的话，你也会结交到新的朋友。

疯狂的保
龄球狗狗

36 狗狗保龄球！

Kingpin!

2+　2+

游戏前的准备

几块木板或是花园栅栏、空塑料瓶、网球、记分册、奖品

在这个游戏中，狗狗就是“保龄球”。游戏的目的就是看看狗狗一次能够击倒多少个塑料瓶子。

将木板或是花园里的栅栏摆成平行的两条直线，这样一条小路就修成啦。小路越长越好，当然这取决于你在哪里进行游戏。在小路的尽头，将10个瓶子摆成三角形形状：按照4—3—2—1的顺序从后向前摆放。

这个游戏很简单：每个队员把球扔得略高于瓶子。接着狗狗去追球，很有可能会把瓶子碰倒。开始的时候狗狗可能会跳过瓶子，但是只要它碰倒了一些瓶子——或是所有的瓶子，就大声夸奖它，并且奖励它。它马上就会掌握游戏诀窍啦。

之后把瓶子摆好，让下一队试一试。请人站在旁边记录下狗狗击倒瓶子的数量。最后在所有回合之后，击倒瓶子最多的队伍获胜，所有奖励都归它们！

或试试这样

可以鼓励每只狗狗不仅要击倒瓶子，还要把瓶子叼回来给你。最后收回瓶子最多的队伍获胜。狗狗每叼回一个瓶子，奖励它一次。

101 fun things
to do with your dog

家庭趣味游戏

Family Fun

本章的游戏适合全家一起玩：带狗狗和孩子们、其他亲朋好友一起玩游戏。狗狗通常都跟孩子们很玩得来，但即使这样也要在玩游戏时候注意安全。孩子们和狗狗进行任何游戏时，都必须注意以下几点：任何时候都要温柔地对待狗狗；不要拉拽狗狗的尾巴；在狗狗吃东西、睡觉或是上厕所时不要打扰它。还要告诉孩子，每当狗狗做对了，要表扬和鼓励狗狗。这些都有助于建立孩子和狗狗间的紧密关系，并且帮孩子在狗狗面前树立权威。奖励并不一定非要是食物——可以是爱抚，轻拍狗狗的头，或是表扬的话。当要和朋友还有朋友的狗狗一起做游戏时，最好它们在这之前已经相互认识了。

1+

3+

Game

37 棒球游戏

Go, Joe DiMaggio!

游戏前的准备

棒球、三个垒位（桶、圆锥体或是砖块）、球棒、奖品

找到9个球员不容易，但是别担心，因为这是狗狗版棒球赛，当然有不同的规则。简单地设置三垒，呈三角形（这是一个简单棒球游戏，不是职业比赛哦）。在能看到所有狗狗队员的情况下，场地越大越好。每场比赛的目的在于得分，被称为“跑垒得分”。比赛最后，跑垒得分最多的队获胜。

你需要一个击球手和一个投手：击球手击球，投手投球。外野场上其他队员被称为外野手。游戏过程是，击球手击中投手投出的球，要尽可能地把球击打得远一些，并且在不出局的情况下跑垒得分。

现在狗狗加入比赛啦！击球之后，鼓励狗狗（或狗狗们）来追球，并把球叼回来，这样你就获得了安打，阻止跑垒员跑垒。大部分狗狗会本能地追球，你要做的就是让狗狗把球叼给你！别忘了鼓励狗狗，如果之前训练过它，你可以对它下达“取回来”的命令。在手边放些奖品，这样一旦击球手出局，就可以给狗狗奖励啦。

或试试这样

如果你没有棒球比赛的小道具，简单使用一个球和球棒就可以——甚至你可以用一截木头代替。接下来你需要做的就是找一个人来投球，另一个人负责击球；剩下的追球以及把球取回来的部分就交给狗狗来完成吧！

Game

38 贴标签游戏

Tag Time

只要把这个孩子们最喜欢的游戏稍稍改变一下规则，狗狗也能加入其中了。首先决定谁做“鬼”。一开始最好先选人类做“鬼”，直到狗狗熟练了，再选狗狗。“鬼”要先给每个玩家10—15秒时间，让参与游戏的孩子尽可能地跑远点，接下来这个“鬼”要去追跑远的玩家们，把第一个追到的玩家贴上标签。

游戏前先要设置好游戏条件。你需要一个很大的场地，这样游戏才有趣。公园或是空旷的田野是最理想的场所。让孩子们知道场地的“边界”在哪儿，他们不能跑出界。游戏的有趣之处在于，为了避免被“贴标签”，孩子们得拼命跑。追的人只要碰到了另一个人，那么两人的身份就互换。游戏需要计时，1分钟为限，追的人（或是狗狗）在哨响之后还没有追到其他人的话，就输了。“它”只能坐等下一场比赛。游戏最后会决出一名胜者。

这是一个跑步游戏，所以要给狗狗和孩子们足够的水或饮料。游戏可以随时结束，随时开始。

游戏前的准备

水、哨子（可选）

或试试这样

多只狗狗参与游戏，会使游戏更加刺激有趣。尽管偶尔它们会感到困惑，但是也会玩得很尽兴。

Game

39 围圈圈！

Ring of Rovers!

这也是改自一个经典的儿童游戏，成人和狗狗都会喜欢的。事实上，越多人参与这个游戏越好玩。先围成一个圈：如果有四五个人玩，大家就分开站——玩的人越多，大家就要站得越紧凑。

每个参与者的手里都应该有奖品，口袋里也要有备用的。让狗狗坐在环形中央，不要担心狗狗因为太兴奋而不听指挥。

指出你希望第一个开始游戏的人，让那个人叫狗狗的名字。当狗狗去到他身旁时，那个人必须给狗狗奖品。然后让狗狗再次回到环形的中央。请注意，如果狗狗在五秒钟内没有走向叫它的人的身边，这个人就出局了，必须离开圈圈。

告诉狗狗“坐下”，然后整圈的人缓缓移动。再指出另外一个人，让他来叫狗狗名字。同样的，如果狗狗走向他，他要给狗狗奖品。游戏的获胜者是坚持到最后没有出局的人。

或试试这样

如果参与的只有三四个人，那不妨站成三角形或是正方形来进行游戏。

1

4+

游戏前的准备

奖品

它绕了一圈
又一圈……

把狗狗训练成小球童

Game

40 要玩网球吗？

Anyone for Tennis?

游戏前的准备

网球、网球拍（至少一个）、墙壁（可选）、球网（可选）、奖品

网球是一项全民运动，为什么不在家里和你的狗狗一起玩网球呢？或者你也没料到，它说不定会是下一个网球明星呢！

打网球的时候最好是并排在一起对着墙打，这样你与亲朋好友可以离得更近一点。游戏规则很简单：人类负责对着墙击球，狗狗负责在失球后把球捡回来。如果你们使用球网对打，规则也是一样的：球网两侧各站一名或多名选手，狗狗就是球童。要让狗狗知道它的工作是把球捡回来给你，而不是带着球去别处玩。当狗狗做对后要在语言上鼓励它，并且奖励它。

这是一个很棒的游戏，也能让你锻炼身体。有的狗狗会在游戏当中大叫，不过别担心——它只是玩得很开心而已。

或试试这样

如果你没有网球拍，就把网球投向墙壁，让球弹回来，而狗狗负责接球。你可以记录下狗狗接住球的次数，试试在每次游戏中都让难度有所提高。

Game

41 我是侦探

I Spy...

这个游戏可以使得你和孩子还有狗狗的散步充满乐趣。不论你们打算在公园闲庭漫步，还是在街区绕圈圈，都很适合玩这个游戏，因为你可以随时制定游戏规则。

在出发之前，先列清单，上面列出你想要孩子找到的10种东西，比如羽毛、花、石头或鹅卵石，糖果包装纸或是一根青草。这些东西很常见，但又不是很容易就找得到。给每个孩子一份清单，并且提供给他们一个空桶或是背包。在你的口袋里为狗狗准备好球或是奖品。

告诉孩子们要在散步时尽可能多地找到并收集这些清单上的物品，不能动他人的东西。同时，在散步途中的某一刻，把狗狗的奖品或是球藏起来（当孩子和狗狗找东西时，你可以偷偷溜走）。然后就到狗狗玩耍的时刻了，鼓励狗狗“寻找”它自己的奖品。

回家之后，让孩子们数一数他们找到了多少东西，把找到的从清单上划去，找到最多物品的孩子获胜。

1

2+

游戏前的准备

物品清单、球、奖品

或试试这样

让孩子们找首字母相同的物品，或是让孩子们寻找同种颜色的物品。

用我的小眼睛侦查一切！

Game

42 宾戈游戏！

Bingo!

这个游戏相当好玩，在游戏中你的狗狗是叫牌手（当然，它需要你的一点帮助）。

下面便是游戏规则：在50张方形卡片上标上数字，从1—50，然后叠起来，准备狗狗的奖品。把叠好的卡放进一个大碗里，像洗牌那样把它们洗开。在10张空白的纸上（每个玩家有一张），写上任意的1到50之间的10个数字，每张纸上的数字都要是不同的，但是有两个人拿着一组相同数字的卡片也可以。

接下来，每个人拿出一张纸和一支笔。这时候你需要做的就是叫牌手了。把碗给狗狗，让它从中选出一张卡片（开始时你要帮助狗狗）。狗狗选出一张卡之后，你打开它，并给狗狗奖品。现在你就有了第一个数字，而狗狗也获得了奖励。大声告诉大家这个号码是多少。如果这个数字出现在某个人的纸片上，那么他只要把这个数字划掉即可。和狗狗一起重复这个程序（不要忘了每次都奖励它哦），直到有人的纸片上所有数字都被划掉，此时这个人要大喊“宾戈”或者“豪斯”。胜利者会得到奖品。下雨天玩这个游戏会很棒，你们想玩多久都可以。

游戏前的准备

50张空白方形的厚卡片（每张和你的手掌差不多大）、纸和笔、大碗、为狗狗准备的小食品、奖品

或试试这样

由于这个游戏中会大量使用食物做奖品，尽量选那些有益健康的，并把它们分成小份——因为你也不想要一个超重的叫牌手啊。

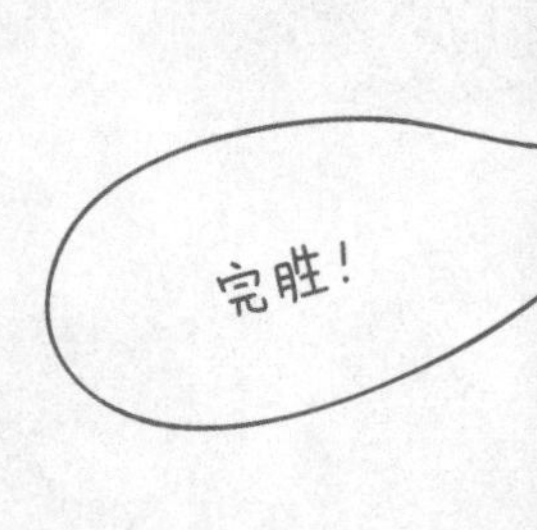

Game

43 找惊喜
Hide and Treat

游戏前的准备

奖品

在有很多可以藏东西的地方特别适合玩这个游戏。游戏内容是把奖品藏起来，让狗狗和孩子们找，看他们谁先找到。谁会赢呢——狗狗还是孩子们？

一只狗狗所需要准备的奖品最佳数量是5—6个，公平起见，也应给每个孩子准备同样多的奖品。狗狗的每个奖品之间要留出足够的距离，因为狗狗的嗅觉要比人类强多了。记住当狗狗找到它的奖品后，要鼓励它；如果你同意让狗狗马上吃掉它找到的奖品也是可以的。

这个游戏并不费脑子，而且玩得越疯狂越好！你可以把奖品藏在任何地方，只要这些“嗅探”可以找到就行，但要记住狗狗不会爬树！不过在第一次玩这个游戏的时候，要保证你藏的奖品很容易被找到哦。

一旦熟悉了这个游戏，大可把奖品藏在更隐秘的地方。藏好之后，你就可以叫孩子们和狗狗来找了，或者吹口哨也行。如果狗狗花了很长时间还没有找到，也别在意。帮着它一起找到第一个奖品，然后指出藏奖品的大概方向，鼓励它自己去找下一个。

或试试这样

把奖品放在口袋里，自己把自己藏起来。藏好后，请其他人来宣布游戏开始。

给狗狗穿上
幽灵装扮鬼

Game

44 扮幽灵

Ghost Busters

孩子都喜欢乔装打扮，那当然也可以给狗狗装扮一下！下雨天尤其适合玩乔装打扮游戏，孩子们从小到大都爱玩，有狗狗加入就更好玩了。为万圣节准备装扮服装也很有趣，你的邻居很有可能会被朝他要糖果的幽灵狗狗逗得哈哈大笑。

为狗狗准备幽灵装，你需要一条旧床单，一把剪刀还有一支画画的黑色马克笔。从狗狗的后脑勺（耳后）开始量起，一直量到它的尾巴。从床单上剪下来一个圆形，然后铺到狗狗身上，在头那个地方画个圈，按照狗狗头的大小剪下圆圈。现在要来试衣服啦：让狗狗把头套到这个圆洞里，然后仔细（可能你需要请别人来抓住狗狗）剪裁穿在身上的床单，争取剪出看起来破破烂烂的效果。如果你胆子大的话，可以用黑色马克笔在狗狗穿着的幽灵装两侧画一些肋骨、脊柱或者头盖骨。

或试试这样

蜘蛛服：用同样的方法给狗狗穿上床单，然后把床单染成黑色，或是涂成黑色。接下来，准备8个烟斗通条（或是弯曲的吸管），也涂成黑色。床单的两侧各粘上四条，这样蜘蛛服就大功告成了。可以给狗狗做的戏服可谓是多种多样，你完全可以大胆发挥你的想象力（一定不能是故意取笑狗狗的衣服，狗狗穿上后自己也很开心，并且不妨碍它吃喝和上厕所）。在宠物商店或是网上都可以找到合适的戏服，有些婴儿的衣服也适用于体形小的狗狗。如果能戴上一副舒适的太阳镜或是一顶小帽，狗狗会更高兴的。

游戏前的准备

旧被单、剪刀、黑色马克笔、卷尺、奖品（或者准备烟斗通条、染料、道具喇叭）

101 fun things
to do with your dog

花园游戏

Garden Games

其实狗狗很可能大部分时间里都是在自家花园里活动。本章会告诉你，怎样和狗狗充分利用那些时间。虽然在花园里玩耍替代不了散步带来的乐趣，但是你仍然可以使它变得妙趣横生。为了狗狗的安全，要确保栅栏无隐患，门要关好的。你可以指定花园的一角，作为挖掘游戏的特别场所。柔软的土地很适合挖掘，甚至一堆沙子也是可以的。

Game

45 狗狗篮球
Hoop Hound

1

1+

游戏前的准备

玩具篮球和篮筐、响片（可选）

安装好篮筐，把篮球放在地上。为了让狗狗熟悉篮球，你可以先在狗狗身边玩一会篮球。狗狗注意到篮球后，给它奖励，这样它就明白篮球是它要注意的东西了。鼓励狗狗叼起篮球并咬住。每次狗狗叼起篮球时，你都要按下响片或是奖励它，这会对它学会这个游戏有帮助。待狗狗已学会叼起球后，在它放下球时你再按响片。

当狗狗知道叼起篮球是对的，按下响片时放下篮球也是正确的以后，你就可以进行下一步了——向狗狗介绍篮筐。试着让狗狗把球扔到篮筐附近。如果它把球扔到篮筐附近，就按下响片并且夸奖它。如果它投中了，就好好地爱抚它一番。

它明白游戏应该怎么玩了，那你就可以在狗狗投中之后才按下响片并表扬它。

一旦狗狗熟能生巧，你就可以组织朋友们一块玩这个游戏了。游戏不能玩得太激烈，并且用响片来做辅助工具。不要让游戏进度过快或是太激烈，因为这样狗狗会变得过于兴奋或是迷惑不解。

或试试这样

如果你喜欢这个游戏，但是手边没有篮球或是篮筐，可以试着让狗狗叼着球，再扔到桶里——它一样会玩得很开心的。

趣味投篮！

1+

1

游戏前的准备

泡泡枪、肉味泡泡（可选）、水、奖品

或试试这样

如果你没有泡泡枪也没有肉味泡泡，你可以使用孩子玩的环形泡泡罐。这种泡泡可能味道不好，但是对狗狗来说同样有趣！

Game

46 泡泡迷

Bubble mania

泡泡很好玩，狗狗喜欢追泡泡，踩泡泡。你可以使用普通泡泡，也可以选用一些为狗狗独家制作的肉味泡泡，这种泡泡在宠物商店有售。

首先放出许许多多泡泡，让狗狗来跑啊跳啊地追泡泡，追到越多越好。开始的时候可以慢一点，让它明白其中要领。每次向狗狗射出泡泡后鼓励它，对它说“去追它们”，对它而言，这以后都会成为你让它追任何东西的一个信号。如果有多只狗狗参与，这个游戏会更好玩。看着狗狗们追逐同一堆泡泡，又冲向另一堆泡泡会很有趣的。泡泡破裂后，注意看它们脸上的表情哦。

每次尽可能多地射出泡泡，注意观察狗狗的行为。狗狗如果朝泡泡大吼大叫，也不要担心——这是狗狗对游戏的自然反应，这也是狗狗乐趣之一。

游戏结束，要确保狗狗有足够的水喝（这个游戏很容易让狗狗口渴），并且给它一点奖励让它知道自己表现得不错。

Game

47 考古挖掘游戏

Archeological Dig!

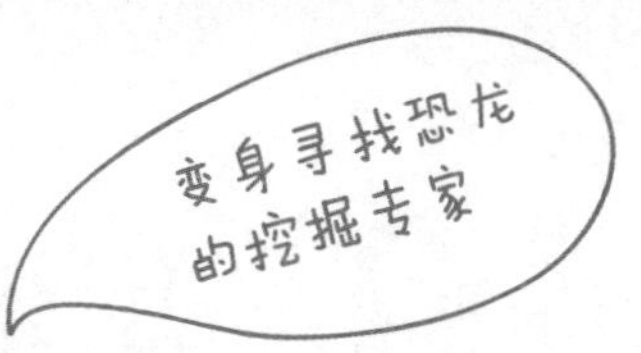

这个游戏能够充分发挥狗狗独特的嗅觉功能和挖掘本领，梗犬类会尤其喜欢这个游戏。

让狗狗好好嗅一嗅骨头（或奖品）。接着让狗狗待在某处，让它看不到你要把骨头（或奖品）藏在哪儿。来到花园里，找一个合适的地点挖一个小洞，大概10厘米深，把奖品正面向上放在洞底。当然也可以用东西把奖品包起来——白菜叶子就很好，纸巾或是报纸也不错。把洞用土填平，盖上草皮，让这个地方看起来像没被人动过一样。

现在让狗狗过来搜索整个花园。如果它记住骨头的味道，它的鼻子就会派上用场。一旦它准确定位了骨头的位置，它的天性会催使它挖掘。让它自由地去挖掘属于自己的金子吧，或许在挖奖品的同时还会挖出一些其他的东西呢！要给它骨头作为奖品。

1

1

游戏前的准备

骨头、奖品（如果没有骨头就用气味浓郁的食品来代替）

或试试这样

你可以不用把全部奖品都放到同一个洞里，如果你愿意的话，也可以把不同东西埋在不同洞里（这很大程度上取决于你愿不愿意看到你的花园被挖得坑坑洼洼的）。

Game

48 足球明星

Soccer Stars

1

2+

游戏前的准备

狗狗足球或是空塑料瓶、门柱、响片（可选）、奖品

你相信吗，狗狗真的可以成为球队里的一名得力球员！不信？请往下看。狗狗们喜欢玩球——各种球，它们会用爪子拨球，用嘴叼球到处跑，用鼻子把球拱来拱去。游戏中，你要用奖励狗狗的方式让狗狗对加入球队有个粗略的了解。

搭起球门——可以直接用儿童门柱，甚至可以用砖头或是雪糕筒路锥来做门柱，把它们分开来放，相距2米。首先，你要吸引狗狗的注意，让狗狗把注意力集中在足球（或是塑料瓶子）上。轻轻踢一脚球，鼓励狗狗自己去追。慢慢加大难度——看看谁会第一个追到球？

然后到了让狗狗明白怎么射门的时候啦。轻轻朝球门踢一脚球，如果球进了，大喊“射门”。努力让狗狗照你那样做，让它的注意力集中在怎样射门得分。狗狗可能得花一段时间才能学会进球，所以主人要有耐心。狗狗只要带球朝球门去了，就大声鼓励它（亦可以使用响片），要是狗狗靠近门柱了，就给它奖品。

或试试这样

随着狗狗对游戏越来越熟悉，你可以试着自己朝着球门踢一脚球，大喊一声“射门”（亦可使用响片），剩下的部分就交给狗狗啦。狗狗要是也去射门了，就奖励它，表扬它。之后你们可以开始一场真正的足球比赛了，每次都要让狗狗离球门远一点。孩子或是朋友都可以参加比赛，组成两支队伍，无论狗狗在哪一支队伍里都可以大显身手。

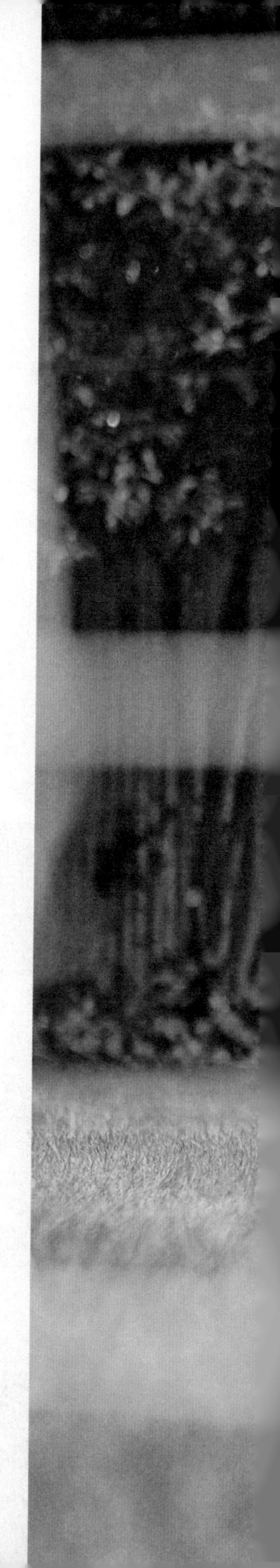

四腿踢足球

1

1

游戏前的准备

大呼啦圈、奖品

或试试这样

让孩子们也加入进来，试试跳圈圈，或者是帮着扶好呼啦圈让狗狗来跳。

Game

49 快乐跳圈圈

Happy Hooping

一只手把呼啦圈竖着拿起来，与地面相触，另一只手握着奖品。用奖品做引诱，让狗狗跳圈圈，只有当狗狗跳过去以后，才给它奖品。重复让狗狗穿过呼啦圈跳过去再跳回来。

然后可以把呼啦圈抬高——开始时的高度大概1厘米，试着让狗狗跳过去，跳过去就给它奖品。要是狗狗绕过了圈圈，就让它再试跳一次。如果狗狗不肯跳，就把呼啦圈再次放到地上，重复之前的步骤。如果它这回跳了过去，那就再抬高呼啦圈。

当狗狗成功跳过几次圈圈以后，不要把奖品都给它，把奖品放在口袋里，让狗狗学会跟着你的手势来跳，跳过了再从口袋里拿出奖品给它。如果狗狗不跳，就拿着奖品来引导它几次。如果狗狗已经满一岁了，就可以逐渐把呼啦圈抬高，但是一定要让圈圈保持在狗狗可以跳过去的高度。

Game

50 天降奇兵

Jumping Jacks

1

1

这个游戏适合一岁以上的狗狗。先试试低矮跨栏——高度大概是狗狗腿长的一半。要为狗狗提供助跑的空间，跳跃前后它都需要4—5步的距离来做缓冲调整。

让狗狗学会游戏的最佳办法就是你带着狗狗一起跳。给它戴上牵引绳，你手里拿着它的奖品。当你们接近跨栏时，命令狗狗“跳过去”或是“跳起来”，一旦狗狗熟悉了这些命令，它学其他小游戏会更容易。当它知道动作要领后，把奖品扔过跨栏，让狗狗去捡回来。当狗狗跳过去以后就好好爱抚它一番。逐渐让狗狗试着多跨几个栏，就算狗狗把跨栏弄倒了，也要奖励它。

游戏前的准备

牵引绳、木板（花园栅栏）、砖头、小桶、它最喜欢的玩具、奖品

或试试这样

不妨试试让狗狗从人身上跳过去，也就是我们人类玩的“跳马”。

Game

51 玩跷跷板

A Question of Balance

1

1

游戏前的准备

狗狗版的跷跷板、牵引绳、奖品

狗狗玩跷跷板和人类跷跷板很类似。要有耐心地训练狗狗在跷跷板上走路。在你认为狗狗能自在地在跷跷板上跑来跑去之前，不要鼓励它全速跑。

开始时用绳子拴好狗狗，慢慢地牵着它上跷跷板。先让狗狗用鼻子好好闻闻跷跷板，因为它很可能在这之前从没见过。准备好了以后，带着狗狗站到跷跷板着地的一端，把奖品放到它鼻子前，这样它就会跟着奖品慢慢地在跷跷板上行走了。一定要慢，让狗狗慢慢靠近跷跷板的平衡点。当狗狗过了这个平衡点之后，再鼓励它慢慢往下走，最后跳下来，这期间要一直使用奖品做诱饵。狗狗一跳下来，立刻奖励它并表扬它。

慢慢地就可以在狗狗练习时放开绳子，给它更多自由，但是一定要一直待在它身边，以防万一。这个游戏有趣的地方在于，训练狗狗在跷跷板另一边着陆时跳下来，而不是在跷跷板还翘着的时候就跳下来。多练习，狗狗便能学会独立完全这一过程。

或试试这样

你可以用一块宽木头制作跷跷板，大概4米长，30厘米宽，外加木桶还有砖头做支撑点。支撑点的大小很重要，如果支撑点太宽了，那跷跷板就翘不起来了。木桶就是个很好的支撑，可以用砖头来固定木桶。跷跷板的设计要非常巧妙，要保证另一端的下降速度不要太快，这样狗狗才不会从上面摔下来。

一起玩跷跷
板吧！

Game

52 追摇摆球

Swing Out!

1

1

游戏前的准备

孩子玩的摇摆球、球拍（最好是乒乓球球拍）、水、奖品、响片（可选）

这个游戏能提高狗狗的头脑与身体灵活性，以及对移动物体的专注度，还会带来家庭乐趣。这一切使得这个游戏当之无愧成为家庭最爱。也许你自己早就玩过摇摆球，但没想过其实也可以跟狗狗一起玩的。一起出去户外呼吸新鲜空气吧！

首先要让狗狗熟悉这个球球，轻轻地在狗狗面前晃一晃球，吸引它的注意力。当它开始想玩了以后，摆动球，给它指令（比如说“摇一摇”）。在它想跳起来去咬球的时候，按下响片（如果使用的话），表扬并奖励它。

多练习几次，在它完成动作的之前要一直鼓励它。这个游戏能很好地锻炼狗狗的瞬间爆发力。因为强度比较大，狗狗容易感到累，所以要补充充足的水分。最后，你会很享受和狗狗一起玩摇摆球的快乐时光，朋友们也会对会飞的狗狗刮目相看！

转圈追球球

或试试这样

你可以用柱子、绳子和韧性强的球做成摇摆球。柱子固定在土里，绳子的一端拴上球，要拴牢。

Game

53 夏日戏水

Splash!

1

1+

游戏前的准备

儿童游泳池、球、奖品

没有狗狗或是孩子不喜欢在水里玩的，所以就让他们尽情在水里嬉戏吧！

在一个阳光的夏日，把儿童游泳池放在花园中间，蓄满水（也可以用温水）。做好孩子们会玩得浑身湿漉漉的准备！

或许狗狗会一头扎进水中，也或许它一开始并不会这么做，你大可往水里扔一颗球，鼓励它去追球。可让狗狗和孩子比赛，看谁先追到球。但是，不管是狗狗还是孩子，不要玩得太激烈，游戏要轻松愉快才好。

你还可以试试“预备——站好——跳”的口令。拉住狗狗，对它喊道“预备——站好——跳”，然后让它跳入水中，溅起水花。

或试试这样

现在市面上有各种各样的塑料滑板，你不妨买几个滑板，在儿童游泳池边的地上，让孩子们和狗狗进行比赛，谁先滑落水中就有奖励！

Game

54 碰碰碰

Touching Base

先把游戏中使用的所有玩具在花园里排成一列，每隔60厘米就放一个。在这个游戏里，你要做的就是让狗狗模仿你。靠近一个玩具，然后碰一下，让狗狗模仿你的动作，用它的爪子或是鼻子碰一下同样的玩具。开始时，系好牵引绳，带它走到游戏道具前，你先弯下腰用手碰一碰，接着鼓励狗狗去碰同一个玩具，或者干脆让狗狗和你同时碰玩具。当狗狗靠近玩具时使用“碰一碰”的命令。当它做对了，立刻表扬并奖励它。

这个游戏并没有固定的模式。重复做几次，每次碰的玩具都要不同，偶尔可以去碰同一个玩具两次。这个游戏的目的是让狗狗学会观察并模仿你做的动作，而不是用脑子记住某种规律。当你觉得狗狗已经掌握了游戏的要领，就可以松开绳子让它自己发挥了。首先站在狗狗身边，试着让狗狗一切靠自己，你不再带领它。要像之前那样跟它说“碰一碰”。只要狗狗做对了，就奖励并表扬它。要是狗狗做错了，就直接忽视，重新再玩。

在进行了几轮练习以后（可能会花几天的时间），就可以提高一下难度了。让狗狗坐下，看着你走到玩具前，用手碰一碰物体，再回到狗狗身边。然后给狗狗下达“碰一碰”的命令，看看狗狗会怎么做。期待一下，狗狗会像你一样，走到玩具面前碰一下。有的狗狗会很快能掌握要领，有的会慢一些。不管怎样都要耐心一点，记住，坚持下去终会成功。

1

1

游戏前的准备

牵引绳、不同形状和类别的玩具（球、瓶子、水壶或是其他玩具）、奖品

或试试这样

找一块旧黑板或是方形木块，用马克笔或是粉笔在上面画出不同的形状，而你用手去碰不同的形状，其余规则不变。看看狗狗能不能听从指挥完成任务。

识别不同形状
和大小

101 fun things
to do with your dog

不同狗狗有不同玩法

Ideas for Breeds

众所周知，不同品种的狗狗喜欢的运动也不同。大部分狗狗热衷一系列不同的游戏，比如你如果养了一只梗犬，你会发现它喜欢挖掘；如果是猎犬，你会发现它特别喜欢水。本章给不同种类狗狗量身定制了不同游戏。比如说，猎犬喜欢与气味和视觉有关的游戏，而小宠物狗狗更擅长灵敏度较高的游戏。工作犬最喜欢工作！如果你拥有一只大型工作犬，它拉车你坐车则是再好不过了。实用型犬种也喜欢拉车，除此之外，它们还喜欢动脑子的游戏，大麦町犬就是一个例子。当然这些游戏只是建议，很多游戏对任何品种的狗狗来说都是合适的，你可以改变一下这些游戏的玩法，令狗狗和你都会乐在其中。

Game

55 它会挖东西吗？

Can He Dig It?

是的，当然会的！

让我们先从梗犬或是猎犬开始这个游戏，它们都特别喜欢挖掘。这个游戏不需要你用任何东西包住奖品或是骨头，也不需要为了干净把它们放在盒子里。

当你和狗狗外出散步的时候，悄悄地把奖品藏在横倒的空木头里，或是埋在树下，鼓励狗狗去把它们挖出来；也可以让朋友先把狗狗带走，你再去把奖品埋好。狗狗如果钟爱某一个玩具，可以试试把这个玩具藏在草丛里，让狗狗去找。

这个游戏在室内也可以玩。在洗衣篮里装满旧衣服、毛巾，还有揉成一团的报纸，接下来把不同奖品藏在洗衣篮底部，鼓励狗狗去洗衣篮里挖掘出它的奖品。在狗狗挖掘的过程中，那些衣服、毛巾还有报纸都飞了出来，它会觉得这好有趣啊！尽管这个游戏很适合梗犬和猎犬，但也可以作为其他品种狗狗的日常游戏之一。

 1

 1

游戏前的准备

奖品和骨头（最好是新鲜的）、狗狗最喜欢的玩具（可选）、洗衣篮或洗衣箱、旧衣服、毛巾、报纸

或试试这样

或者你可以尝试把骨头埋在沙子里，用手仔细埋好。记住，这个游戏对狗狗来说不能太过简单。

Game

56 解谜游戏

Pooch Puzzles

这个游戏尤其适合那些优质品种的狗狗，比如说聪明的博德牧羊犬，它可以很快地解开谜团，希望你不会对它的速度感到惊讶！

把两三个奖品放在一个大的纸箱里，把纸卷成团扔在纸箱里，直到纸箱被装满为止（也可以扔用完的卫生纸卷筒和空的塑料瓶子进去）。你要把奖品藏到这堆东西里，让狗狗来找。

把箱子放在屋子中间（或是花园里），然后叫狗狗过来。一旦狗狗闻到了奖品的味道，它就会想方设法找出来。所以你并不需要教狗狗怎么玩游戏，它自会找出奖品。

在你吹响哨子之前，先让狗狗等一等。狗狗找到奖品后，再表扬它。要把箱子摆好；若是为了给狗狗线索而把箱子里的东西扔到地板，这样就是耍赖了。

游戏前的准备

大纸箱、废纸、卫生纸卷筒、奖品、哨子

或试试这样

在宠物商店或是网上商店，你可以买到极好的能迷惑狗狗的玩具。有些玩具是用木头方块做的，一个方块里套着另一个方块，可以上下左右地移动，你可以把奖品藏在某个方块里。如果狗狗对解谜类游戏感兴趣，你可以去买一个这样的玩具回来。

Game

57 食物大搜索

The Big Food Chase

1

1

游戏前的准备

各种各样的奖品（可以是熟肉，因为它太有诱惑力了）、篮子（可选）

这个游戏适合所有的狗狗，但是猎犬的捕猎技巧和灵敏嗅觉会让它们脱颖而出。

整理出一块空地，然后在上面放一些“障眼法”的道具，比如在空篮子里放一些奖品，再放一些可以混淆奖品的其他玩具。

这个游戏里你要做的事情很简单：命令狗狗坐下，手里拿着奖品来吸引它的注意。狗狗应该与你面对面，它的背后是花园或是院子。把奖品扔到花园或是院子里，让狗狗去找，然后多加几个奖品，让狗狗继续寻找它的下一个目标。

试着把奖品扔到篮子里，或是其他物体后面，这样狗狗会利用它的嗅觉来找东西。狗狗一旦找到了奖品，立刻表扬它，并允许它把奖品吃掉。

或试试这样

散步的时候也可以玩这个游戏。在公园里找一个安静的空地，树木、石头或门都可以被当作障碍物，狗狗必须绕开或者跳过它们来寻找奖品。要是有时间，可以让狗狗去独自狩猎自己的晚餐！

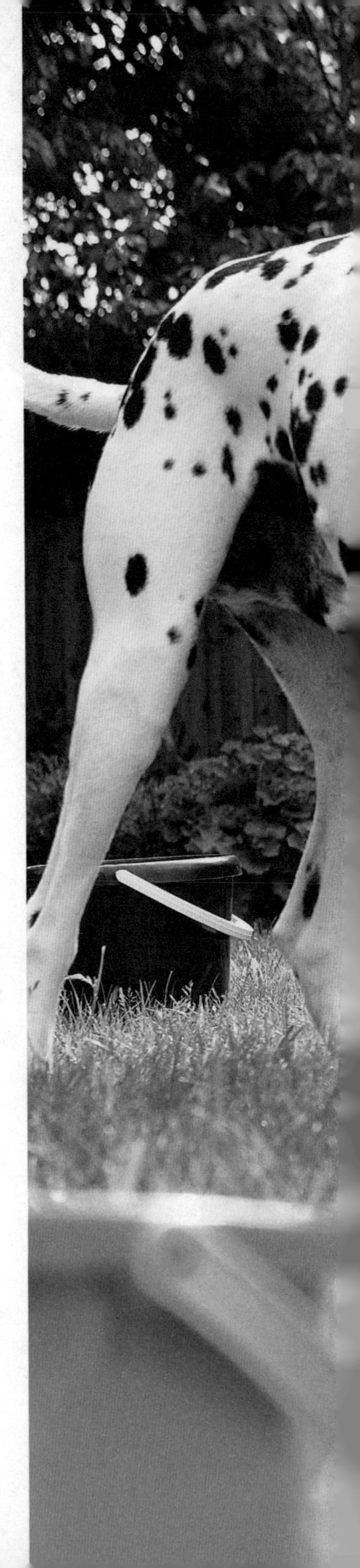

找到好吃的
晚餐！

狗狗的嗅觉
游戏

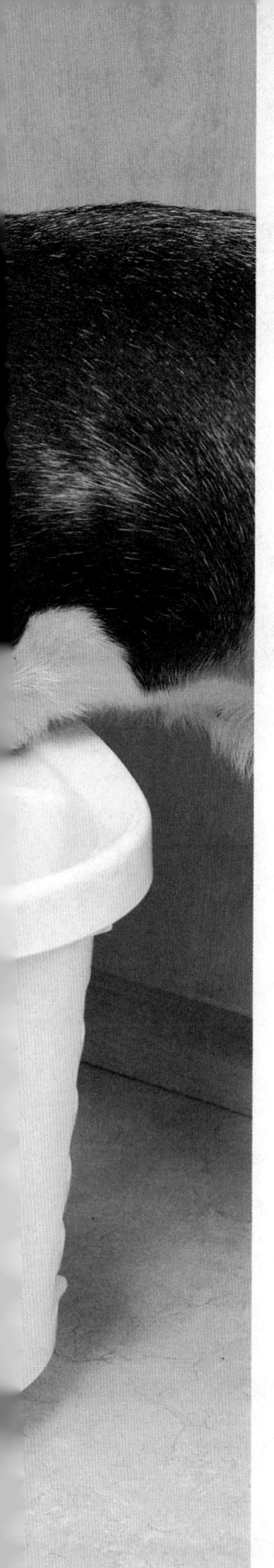

Game

58 找袜子

Sniff-a-Sock!

1

1

游戏前的准备

洗衣篮、袜子、奖品、哨子

这个游戏很适合那些对气味敏感的狗狗，比如警犬、巴吉度猎犬和其他猎犬，它们喜欢搜索。

开始时，找一只旧袜子，把袜子在奖品上摩擦一下，这样奖品的味道就传到袜子上了。如果你愿意，可以使用自己的味道：把手在袜子上下抹一抹。还可以把奖品藏在袜子里再卷起来，然后把袜子藏在洗衣篮里，要放到洗衣篮的底部，并在上面堆上其他衣服（一定不能是你喜欢的衣服呀！）

让狗狗闻一闻你的手，了解袜子的气味；接着你吹响哨子，下达指令，像是“去找吧”或是“找袜子”。开始时，狗狗或许会摸不着头脑，所以你要鼓励它参与进来，激发它的兴趣。如果它实在为难，你就朝洗衣篮走去，再次下达同样的命令，这会让狗狗靠近它的目标。

游戏中你不能提供过多帮助，大部分狗狗会马上记住气味并且找到正确的位置。当狗狗靠近或是正好走到洗衣篮旁边时，要提醒它洗衣篮就是正确地点，要一个劲儿鼓励它，直到它找到了袜子后，叫它回到你身边。狗狗若是把袜子还给你，就奖励它。可以把洗衣篮分别放在不同的地方，多次进行这个游戏。

或试试这样

在人群里，狗狗可以根据你的气味找到你。所以要训练狗狗根据你的气味找东西，比如找你的手绢或是T恤衫。

Game

59 戏水宝贝
Water Babies

这个游戏太适合猎犬了，比如西班牙猎犬或是寻回犬。游泳能锻炼散步中没有用到的肌肉，因此游泳是保持狗狗健康体能的绝佳方式。

你需要找到一块儿水流缓慢的溪流，或是一个安全的池塘。你可以引导狗狗自己在水里刨着游泳，也可以指导它从岸边猛地扎进水里。

一旦狗狗习惯了在水里的感觉后（不会太久——可能就几分钟），可让朋友手里拿着奖品走到池塘对岸。如果你有哨子，可以吹哨子告诉狗狗游戏即将开始。

你可以让朋友把狗狗叫到对岸去；或者你也可以把玩具扔到水里，让狗狗去追回来。如果水道不宽，可以直接把玩具扔给你的朋友，这样狗狗就得直接游到对岸去追玩具了。一旦狗狗游到朋友身边，朋友要立马奖励它，并且把玩具再扔回给你。游戏结束后，要马上拿毛巾擦干狗狗身上的水。

1

2

游戏前的准备

防水且能漂浮的玩具、奖品、哨子（可选）、毛巾

或试试这样

如果你找不到池塘或是小溪，可以把儿童戏水池装满水，让狗狗一头扎入水中和玩具玩耍。

Game

60 小型狗狗的游戏

Toys for Toys!

如果你有一只小小的宠物狗，比如说哈巴狗，或是约克夏梗犬，当然也有不怎么激烈的游戏，可以满足它们与生俱来的好奇心。

在这个游戏里，最好的道具是漏食球，球里装着小奖品。狗狗拨球或是咬球的时候，奖品就会掉出来了，球里的零食奖品一定要是对狗狗健康无害的。

奖品的大小取决于漏食球洞口的直径长短，不同球直径也不一。5—7厘米直径的球球最适合小型狗狗了，够它们玩好几年的。

在简短的灵活性训练课里使用漏食球，也不失为一种好方法，宠物狗狗们会很喜欢，但是它们想得到球里的奖品可能得费点劲儿。

如果你手边没有漏食球，可以使用一个小的塑料饭盒或是盒子代替，在上面挖出一个足够大的洞，这样狗狗在拨弄它或是移动它的时候奖品会掉出来。

1

1

游戏前的准备

漏食球（宠物商店有售）、奖品

或试试这样

宠物狗狗是出了名的笨，因此你可以用大球给狗狗玩，这样你就站一边袖手旁观，看看狗狗为了赢得奖品与比它嘴巴大得多的球奋力对抗。

训练使小狗狗的头脑更灵活

谁更快！

Game

61 魔鬼时速

Speed Demons

1

1

游戏前的准备

2—3个不同的球、弹弓（可选）、奖品、水

这种取回的竞技游戏对许多种类的狗狗都很适合：适合猎犬，因为它们以速度著称；也适合小灵狗、格雷伊猎犬、萨路基猎犬、阿富汗猎犬和寻回犬，因为它们都喜欢搜寻。这个游戏需要使用两个容易分辨的球。

游戏开始前，先给球附上点气味，或者你可以把奖品在球上摩擦一下，让球沾上美味。让狗狗闻一闻，熟悉气味。

找一个开阔的场所，最好是安静点的地方。首先，把球扔到远一点的地方（如果你没有弹弓，就扔远点）。然后让狗狗去把球找回来，狗狗找到后，马上叫它回来。这个游戏是让狗狗有多快跑多快，迅速捡球，马上返回，训练它的速度。回来后，马上奖励它。现在你可以扔第二个球了，但是这次要扔得更远，重复扔—寻找—跑回来—得奖励的模式。

记住，这是一个速度与激情的刺激类游戏，要带上足够的水，游戏时间不超过15分钟，免得狗狗体温过高或是生厌。

或试试这样

邀请朋友带着他的长腿狗狗加入，狗狗们可以在公园里进行比赛。

Game

62 搬运小帮手

What a Carry-On!

通常用于工作或者放牧的狗狗都是一些大型犬，从它们的名字就能看出来，它们从祖先开始就为人类工作了。虽然它们很善于听从人类的命令，但也并不是像耍马戏，它们是真的喜欢帮助人。这个游戏就是让狗狗发挥它们的天性。

你需要准备一个包袱，而狗狗就负责驮包。准备两个塑料袋或是牛皮纸袋，每个袋子里装的东西要轻一点，不要超过1千克；不要忘了在两个袋子里都装上奖品。用一条结实的绳子把两个袋子的手柄结实地系在一起，这样狗狗就能把它们驮在背上，袋子挂在身体的两侧。把柔软的垫子放在狗狗的背上，系好的袋子放上去。刚开始可以用语言鼓励狗狗，并且给予奖励；要是狗狗看起来不舒服，就马上停下来。要让狗狗先习惯驮着包袱的感觉，几分钟后，把包袱拿走，并奖励它。

这个游戏适合任何喜欢工作和喜欢帮助别人的狗狗，因为喜欢所以会乐在其中。在你野餐或是去商店买点东西的时候，这个技能就很实用——你的邻居们会嫉妒你有一只好狗狗。记住，要注意狗狗在帮你搬东西的时候是否感到不舒服。或者你还可以试试这样，在家里的时候，让狗狗帮你运几件不重的衣服去洗衣房，让狗狗养成习惯，并在每次成功完成任务后奖励它。

1

1

游戏前的准备

杂物袋、重量轻的物品、小点子、牵引绳、奖品

或试试这样

何妨不试试让狗狗用嘴帮你叼些东西呢？比如，购物归来后要把物品从车里拿回家，这时你就可以让狗狗用嘴运输那些非食物类的物品，像是报纸一类的（不能太重哦）。把这些物品交给狗狗，让它跟着你进屋。要是狗狗已经学会听从你“放下”的命令，它会是你购物回来后的好帮手。

给狗狗一个
工作的机会

1

2

游戏前的准备

大的咀嚼棒（最好比较结实）或咀嚼玩具、3—5米的软绳子、项圈、哨子

边追边咬

Game

63 小身板追追追

Treat Tricker

敏捷的梗犬，可爱的小型宠物狗还有许多其他品种的狗狗们都会喜欢追逐游戏，追逐一切在移动的东西。

把磨牙玩具牢牢地系在绳子上。游戏开始时不妨先给狗狗套上项圈，这样你的朋友就能在你准备时控制住狗狗。把玩具扔得越远越好，然后放开狗狗。游戏的目的就是让狗狗去追逐玩具。在某一时刻，你猛拉绳子，把它的“猎物”拉回来，接着朝另一个方向扔出去。这样来回几次，每次都尽量不要让狗狗抓到。

然后可以让朋友抓住狗狗，而你拉着绳子跑开。吹响哨子，告诉朋友松开狗狗。根据狗狗的速度来调整你跑的速度，不能太快，要让狗狗能追到玩具，然后玩一会，这样你也能有时间休息一会。

玩游戏时要注意：不要让狗狗太累了，不要让它一直抓不到奖品，这样会令它过于沮丧。如果孩子要加入，要在游戏开始前让孩子们明白游戏规则。

或试试这样

在你身边摇晃绳子，绳子要尽量贴近地面，这样便于狗狗捕捉。

Game

64 拔河

Tug-of-War

大型狗狗特别钟爱这个游戏。找一块没有障碍物的空地，要是个能让你与狗狗都能轻松活动的地方。你的手里拿着玩具的一头，另一头让狗狗咬。你们两个拉着玩具，看看谁最后能拿到玩具。

这时狗狗可能会很兴奋，发出低吼声。这很正常，因为游戏就是基于狗狗争夺的本性而设计的，但是重要的是要防止狗狗过度兴奋。若是狗狗温和地低吼，摇尾巴，这还可以接受，但要是有任何其他激烈表现，就要立刻停止游戏。若是你并不能做出判断的话，立刻停止就对了。

游戏一定不能太激烈，游戏中也不要直视狗狗的眼睛，因为这样做会被狗狗视为敌意，尤其在你们争夺东西的时候。当然，如果狗狗能听从你“放下”的命令就再好不过了。

在玩拔河时，偶尔当然也要让它赢几回，才能增强它的自信心。但是，游戏必须在你说停止时就停止，如果狗狗行为不当，立马停止游戏。像往常一样，狗狗表现好的话就奖励它。

狗狗还可以和另一只狗狗玩拔河游戏——只有在它们和平共处的条件下才可以。狗狗之间的拔河需要有你的监督和指导，游戏规则照旧，这能保证游戏失控后你能马上停止。

游戏前的准备

特制的拔河玩具、奖品

或试试这样

如果没有拔河的玩具，可以用一条长绳子或者毛巾代替。

Game

65 冰凉夏日

Ice Ice Baby

1

1

游戏前的准备

冰块（有味道的最好了）、鸡肉高汤、培根、香蕉、塑料杯

这个游戏适合所有的狗狗。有些小型护卫犬，比如狮子狗，就会很喜欢这个游戏——尤其在天气炎热的时候。

游戏的目的在于让狗狗玩冰块能玩得开心。要注意冰块的大小，一定不能卡住狗狗的喉咙。可以用孩子们的塑料冰棒制造器来制造大点儿的冰块。

把冰块拿出来，一次拿一块，不然就融化了。扔给狗狗一个冰块，看它能不能抓到这个滑滑的奖品。

还可以把鸡肉高汤冻成冰块，这样的冰块是格外美味的奖赏；或者在塑料杯子里装一半水，然后把培根条竖着放进水里，培根条的一端露在杯子外面。把它冷藏之后给狗狗，你可以把培根从杯子里拿出来，留在杯子里也可以——要知道狗狗是不会放过培根的！冰冻香蕉是某些狗狗的最爱——给香蕉剥皮，切片，冷冻一晚上，第二天拿出来就是这个游戏中上好的美味奖励！

或试试这样

用冰格做一个牛肉冰棒：用一条长长的腱子肉或是一条厚的生肉皮做成牛肉冰棒。带狗狗外出走一段长距离散步时，在返程路上，牛肉冰棒就是奖赏。

给燥热的狗
狗降降温

101 fun things
to do with your dog

运动类游戏

Sports for Dogs

现在狗狗能玩的游戏太多了，不过把所有的游戏都玩个遍也很难。你要考虑的是应该训练狗狗的灵敏度还是忠诚度。我能和狗狗一起跳舞吗？我能和狗狗试试“带狗徒步越野”吗？当然可以了，只要这个游戏既适合你，又适合狗狗，因为吉娃娃永远都拉不了雪橇，大丹犬穿过小型隧道也得费点儿劲。要是你想和狗狗一起加入狗狗俱乐部，可以先尝试一下本章的游戏。这能让你了解俱乐部活动的大概内容，也可以明白狗狗是否愿意加入游戏中。本章介绍的大部分都是竞技类的，既有英国国内水平的，也有国际水平的。看看你的狗狗擅长哪一个，争取拿金牌哦！

Game

66 跟我走！

Good Boy!

狗狗的服从性训练绝不是说你给狗狗下达命令，然后狗狗努力完成，这样毫无乐趣；其实事实是相反的。狗狗有为人类效力的天性，特别是工作犬会感到很开心和满足。建议你在训练时使用响片，因为它可以强化你的命令，狗狗会把响片的声音当作鼓励的声音；这声音告诉它，它做的事情是正确的（见第Ⅳ页）。

和本章其他游戏一样，学会服从能提高狗狗的竞技能力。先与狗狗小试一番，看看狗狗是否喜欢。你教给狗狗的许多命令都是基于狗狗的服从：坐下、衔回、放下等都是例子。许多俱乐部能教会狗狗等级更高的服从动作，你和狗狗还能享乐其中。在家的时候，你可以自己对狗狗下达命令，因为这让狗狗处于忙碌状态，保持活力。要让游戏有趣一些，这样狗狗才会愿意参与并取悦你。要是狗狗失去兴趣，表现出厌倦的情绪，马上停止，记得要用奖品来奖励它。

1

1

游戏前的准备

牵引绳、响片、奖品

或试试这样

给狗狗系好牵引绳，手里拿着响片。让狗狗坐在你的右边，紧挨着你，面朝前方。你右腿慢慢移步，命令狗狗“走”或者“抬脚跟”，要是狗狗走到你前面或是走偏了，就轻轻地把它拉回来；要是它跟着你的步伐走，就按下响片。

Game

67 跳舞的狗狗

Dancing Dogs

1

1

游戏前的准备

音乐、奖品、响片、小道具（可选）

狗狗的脚跟舞是从竞技服从训练中演化而来的，它以音乐作背景，之后迅速地变成了一个富有创造性的游戏。它需要一些驯狗技巧作辅助，像是灵敏度训练和服从训练，它还需要人类亲自参与其中。狗狗如果参加过一些水平较低的服从性比赛，会为脚跟舞打下基础，但这也并不是必需的。

在开始时先放点音乐，随之慢慢起舞。鼓励狗狗在你身边跳跃，当它这么做时，奖励它。一开始它或许会特别兴奋，但你要做的就是让狗狗习惯在音乐下随你律动。进行曲会是不错的开场曲目。

自由式（即狗狗不需要只用后脚跟随音乐跳舞）非常受欢迎，因为这样更有创造性。你可以教给它很多有趣的招式：包括后腿行走，爬行，跳铁环，或是跳过伸出的胳膊，让狗狗从你的腿下穿过，翻转，击掌，装死，围着你倒转，等等。有些花式只需给足够的耐心和奖品，狗狗便能驾轻就熟；可有的招式可能会有些复杂，比如围着训练者倒转。

或试试这样

不妨参加活动项目或是训练班，学一些有趣的招式。市面上也有不少书籍和录像资料可供你选择。

Game

68 一起玩飞球

Fly With Me

这个游戏最好是有两支队伍一起玩的（理想情况下每队四只狗狗）。每组狗狗沿着自己的赛道跑，每个赛道有四个障碍物，还有一个装有球的箱子。每只狗狗都要带球跳过一个路障，下一只狗狗接力，带着球继续向前冲。

游戏开始时，手里握着两个球，站到离狗狗几米远的地方。轻轻地扔出第一个球，当狗狗抓住这个球之后，命令它“放下”。当它放下这个球后，马上扔出第二个球，这有助于狗狗熟悉飞球游戏的快节奏。

这个游戏的另一种玩法是，手里仍然握住两个球，把第一个扔到大概2米高的空中，狗狗会跳起来去接球。接到后，命令狗狗放下球，之后马上把第二个球扔到空中，目的在于鼓励狗狗从不同的角度来接球。

接下来就是把球扔得更远，当狗狗拿球返回时，把球从狗狗嘴里取出，再次扔远。狗狗带球回来时，你跑开，当狗狗追上你之后，你使劲拉狗狗嘴里的球（飞球游戏中，球最关键了，狗狗必须学会爱它的球，并且紧紧保护好它的球）。

最后，跳跃路障该上场了。自己搭建几个小跳跃路障（见第16—17页）。把狗狗牵到起点，你走到终点。你手里握着狗狗最喜欢的玩具，然后在终点叫狗狗的名字。狗狗成功地跳过几次以后，便可在地上摆上第二个路障，和第一个保持平行，中间要空出足够的距离，方便狗狗能在两个路障间跑来跑去（大型狗狗需要更多距离）。重复这个步骤，鼓励狗狗跳过第一个路障，接着第二个。

1

1

游戏前的准备

2个棒球、小的跳跃路障、奖品

或试试这样

飞球球队和飞球课程有很多不同的玩法，你都可以在网络上搜索到。

注意球别掉了

本能=敏捷性

Game

69 敏捷闯关

Agility Antics

闯关游戏节奏快，也比较安全，你和狗狗都会喜欢的。这款游戏的设计目的就是展示狗狗和驯狗师的流畅配合。游戏规则很简单，狗狗能完成赛道上的所有内容，其中包括迂回、跳跃、跑、稳坐在桌上、穿过隧道。全程会计时，狗狗完成一个项目会得分，失误会被扣分。有可能犯的错误通常都是少绕过一个柱子，没有跳过路障，未经允许离开桌子。

玩灵敏性游戏最好的训练场所是安静的户外场地。狗狗能一直坚持坐在桌上直到你数到20吗？没有你的指导帮助，它能在柱子之间迂回前进吗？它愿意跳过路障，穿过隧道吗？

如果以上问题你大部分的回答都是肯定的话，你和狗狗适合进一步进行灵敏训练。还有一个比较好的办法就是，你在没有狗狗陪同的情况下，自己去当地俱乐部观察几次。你可以看看其他人是怎么驯狗的，和其他狗狗的主人切磋切磋，他们会乐意帮忙的。同样，看看俱乐部有没有你可以参加的初学者的基础课，问一问是否需要买设备，以及是否可带家人一同参加。通常课程学费并不贵，没准你正看着的狗狗就是下一届世界狗狗灵活性大赛的冠军呢！

1

1

游戏前的准备

2个棒球、小的跳跃路障、奖品

或试试这样

如果你周围没有俱乐部可以参加，可以找几个有狗狗的朋友一起成立一个俱乐部。自己来制定规则和赛道，准备奖品，然后定期进行比赛。当大家都准备得差不多了，就可以来一个小型的狗狗和主人一起参加的敏捷性比赛啦！

Game

70 跳水！

Making a Splash!

游戏前的准备

水域、球或飞盘、奖品、毛巾

要是你的狗狗爱玩水，那么猛扎进水里对它来说就是最喜欢的事，而且这个不局限于狗狗的体形。游戏的规则很简单：狗狗从跳台跳入水中，水足够深，它可以游泳。一般来说，狗狗喜欢追逐落水的物体，比如被扔到水里的球或是飞盘。游戏的目的是要狗狗追回物体，并且游回跳台。

对观众而言，看狗狗比赛才是真正的享受。驯狗师站在水中，等待狗狗从他的头顶飞过去，接着落入水中，溅起大大的水花，狗狗的主人就在跟前，溅到身上湿漉漉的，想想这场面多有趣。这个游戏现在已达到竞技水平了，尤其是在美国，特别受欢迎。

想要试试这个游戏，先找到合适的池塘或小溪。然后鼓励狗狗去接着被扔飞出去的玩具，而不是让它直接冲入水中。可以往水里扔个球，或是飞盘，狗狗就会去追，从而跳入水中。在狗狗追的过程中，一直鼓励它。追回之后，要奖励它，再让它休息一会儿。游戏结束后，要擦干狗狗的身体。

或试试这样

要是你的狗狗喜欢猛冲再起跳的话，可以上网看看在你当地有没有相关课程。

Game

71 选美比赛

What a Show Off

狗狗外形秀——或是品种展示会——是一种狗狗展会，在这里裁判会按照“品种特点”来给纯种狗打分，并且对最接近“品种标准”的狗狗授予荣誉。

狗狗秀的打分标准并不统一，建议最好先参加趣味展示会来试试。趣味展示会是所有狗狗（不只是那些纯种狗狗）都可以参加的，因此就算你的狗狗血统不纯，也可以来试一试哦。狗狗的趣味展示会有自己的评奖标准，比如说，“最美狗狗奖”“最帅气狗狗奖”，以及“最像主人狗狗奖”。在这里，你可以遇到志趣相投的爱狗人士，许多人也因参加狗狗秀而结缘。

或试试这样

如果你有一只纯种狗，又喜欢趣味展示会，不妨上网查查你当地的狗狗品种展示会。祝你的狗狗取得好成绩，但要记得，不管哪只狗狗获胜，和你一起回家的狗狗才是最棒的！

1

1

游戏前的准备

牵引绳、狗箱、刷子、纯种狗

狗狗秀会让你
和狗狗同乐

Game

72 追踪很有趣

Tracking is Fun

1

2

追踪游戏可以使狗狗充分发挥它们鼻子的最大优势——根据气味来找东西。追踪比赛通常是让狗狗依据气味去找到一个不见的人或者物品，在这个过程中，公平公正地评估狗狗的表现。参加追踪比赛的狗狗，需要有足够的耐力和脾气，还需要与其他狗狗或是人类合作无间才行。运动犬，像是拉布拉多、金毛的嗅觉都很好。实用犬或是牧羊犬（德国牧羊犬、纽芬兰犬、大警犬、杜宾犬、罗威纳犬）都超喜爱“工作”，它们都很擅长追踪。

在外出时，把准备好的奖品藏在散步的小路上，或者直接藏在花园或是房子里。请一位家人或是朋友先抓好狗狗，你跑去藏好奖品，接着松开狗狗，鼓励狗狗用鼻子去嗅一嗅，去寻找属于它的奖品。

在让狗狗参加专业训练前你要知道，狗狗至少要有一年以上每周训练两次的频率，因为只有经过如此训练的狗狗才会被认为是接受过完整训练的。搜查犬经过严格训练，为将来的任务做准备。它们将来可能要在混乱状态中找人，比如在洪水或地震过后，寻找失踪的人。总的来说，应该要让狗狗接受能在紧急状态下集中注意力追踪气味的训练。

游戏前的准备

奖品、“追踪线索或痕迹”

或试试这样

如果你的狗狗看起来很喜欢追踪，大可扩大游戏范围让狗狗来尽情玩耍。寻找一处开阔的地方，给狗狗解开绳子，让它大展身手。一开始可能需要多放置几个奖品，在狗狗学会游戏规则后，就可以在大片空地上只放一个奖励。

Game

73 一起跑步吧？

Can He Run ?

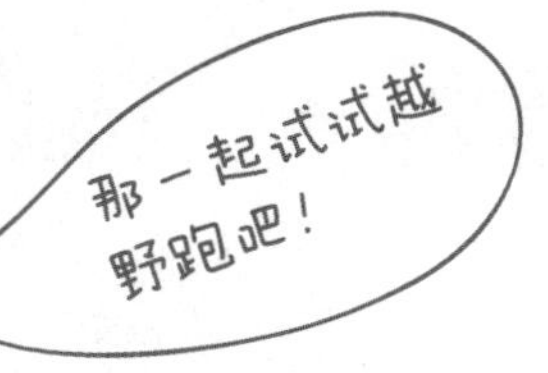

带狗徒步越野，就像字面上的意思，指你和狗狗一起跑步，既可以呼吸新鲜空气，又可以度过一段十分快乐时光。你所需要的就是牵引绳，但是很多对此项运动很感兴趣的狗主人都购买了安全带，能够更好地利用狗狗的拉力。你还可以买一个腰带（通常叫“和狗狗越野专用腰带”）。它会让你和狗狗都感到很舒适，并且能让狗狗给你提供额外帮助（爬坡时也能更加顺利）。

要让狗狗习惯在出行时佩戴安全带，很快它们就能区分开牵引绳和跑步时戴的安全带了，搞明白一个能拉，一个不能。跑步的安全带可以将拉力分散到狗狗的胸部和肩部，而不是集中在脖子上。这种拉力非常舒适，和牵引绳很不一样。和佩戴了安全带的狗狗一起跑步，也有利于和不系牵引绳的狗狗一起散步。

狗狗喜欢追逐，所以要给它一个追逐的目标。请一位家人或是朋友在前面跑，手里拿着奖品，热情地叫狗狗名字。当你感受到狗狗的拉力以后，就正面鼓励它。第一次和狗狗一起跑步要选一条平坦而又狭窄的路，这样狗狗只能向前跑，刚开始跑步的距离不要过长，这样能使狗狗跑到终点还有体力。

或试试这样

有许多狗狗越野俱乐部或是团体，如果你想更进一步，大可试试加入他们，你会和志同道合的朋友一起共享快乐时光。

1+

2

游戏前的准备

牵引绳、越野腰带（可选）、跑鞋

狗狗的赛道
服从训练

Game

74 赛道服从训练

Rally-O

1

1

游戏前的准备

牵引绳

赛道服从训练把赛车运动的特性与狗狗灵敏度以及传统服从训练结合起来，从而形成了一种新型有趣的运动。

比赛级别的赛道服从比赛会采取计时的方式。通常包括12—20项的表演活动，这取决于参赛狗狗的水平。观察狗狗的裁判会对其表现出的流畅性和在每站中听从指挥的能力进行打分。

赛道是由裁判设计的，因此每次比赛都会不同。在比赛前，参赛选手会收到赛道地图，参赛的人可以在没有狗狗陪伴的情况下自己沿着赛道走一遍。裁判设计的赛道由超过48个不同的活动项组成，都是由裁判精心选取的，能够让驯狗师和狗狗完成的指定运动。

每项都有指示牌，驯狗师以此作为向狗狗发出指令的依据，每队都必须在指示牌一米范围之内完成指定任务。一旦裁判给出指令“向前”，狗狗和驯狗师必须继续向前完成赛道上的其他任务。

指示牌会指示队伍行进速度的快和慢，指示牌的指令一般是停下（狗狗必须马上坐下）、转弯、绕圈、反向、坐下、停留、召唤或是其他基本的服从任务。

每支队伍都有自己的起点，从起点开始后，如有失误则会被扣分，取得最高分的队伍获胜。如果两支队伍得分一样，裁判会根据每队完成赛道任务的时间来评判出名次。

或试试这样

在当地找一个相关课程，带狗狗去试一试，要是本书中的服从活动，狗狗表现不俗的话，那就更应该去参加课程啦。

Game

75 飞盘狗狗

Disc Dogs

在狗狗的接飞盘比赛中，狗狗要和主人（或扔飞盘的人）完成不同项目，比如远距离接盘或是自由式接盘。游戏中，狗狗会和主人齐心协力完成任务，从而使关系更加密切。

根据比赛规则，飞盘比赛有短距离项目，像是高空投出和追回，超短距离扔和接，还有长距离（精准接住）。游戏规则大体一致：你有60秒的时间，在足够大的场地里，尽量多次地扔出飞盘。长距离的场地长度一般不会超过50米。狗狗接盘得分取决于飞盘被扔出距离的长短，半空中接盘会额外加分（在大多数比赛中，狗狗完全腾空接盘会多得半分）。比赛规定只能使用一个飞盘。

自由式接盘是一个评分很主观的项目，每队由一个选手和狗狗组成。由于项目强调自由，所以时长一般为1到3分钟。比赛会根据如下几类内容进行打分：狗狗的竞技能力，接盘的难度，表演技巧等。难以置信的弹跳，高速多重接盘，还有令人叹为观止的跳跃使得自由式接盘广受观众的喜爱，并且被看作是最高水平的竞技比赛。

1

1

游戏前的准备

飞盘、奖品、水

或试试这样

像本章中其他运动一样，带着狗狗好好试一试！要是你的狗狗喜欢本书开头的飞盘游戏（见第26—27页），你可以再进一步，带着狗狗加入俱乐部，打磨它的技艺。比赛会定期举行，你和狗狗准备好了吗？

有趣的UFO

生活小技巧

Tricks

教给狗狗一些小技巧既有趣，又能给你们带来益处：主人与狗狗之间的联系会更加紧密，狗狗的身心也能得到锻炼。不论你是要训练狗狗跳绳、跳舞，还是祈祷，都不是难事，接下来这一章会告诉你要怎么做。技巧训练对全家来说都很有趣。只要狗狗学会了一个新技巧，其他家人都可以给它发指令。狗狗的技巧训练将服从、灵活性以及其他训练融合在一起，因此每一分钟都是没有浪费的训练时间。如果你的朋友也养狗，你可以办一个技巧派对，邀请他们过来参加，一起教授狗狗小技巧，在结束时来一个技巧展示——朋友们，狗狗们也会喜欢的。

左穿右窜

1

1

游戏前的准备

奖品、响片

Game

76 绕腿嬉戏

The Leg Weave

站好后两腿分开，每只手里拿着一个奖品，这可以引导狗狗在你腿间绕来绕去。命令狗狗坐下或是站在你面前，让狗狗的注意力在你的身上。弯下腰，一只手藏在腿后，命令狗狗“绕圈圈”。要是狗狗跟着奖品走，从你的两腿间穿过，就按下响片奖励它。

现在，把拿着奖品的另一只手放在同一条腿的前面，命令狗狗从腿外侧穿回来，回到起点。当它完成动作时就表明它已经绕了你的这条腿一圈了。要记得说“绕圈圈”。然后继续鼓励狗狗跟着奖品在你另一条腿的外侧行走，并且跟着下一个奖品从你的双腿间穿过回到原点。换一句话说，它反方向绕着你的另一条腿走了一圈。动作完成后，要像从前那样按下响片奖励它。

完整的游戏过程是，让狗狗绕8字一样，绕着一条腿走一圈，再绕另一条腿走一圈。开始先用奖品来吸引狗狗完成整个过程，之后试试只用响片来鼓励狗狗完成，在游戏结束后奖励狗狗。

或试试这样

用雪糕筒路锥、球或是篮子来设置一条迂回路线。你所要做的就是把这些路障平均每隔一米放一个，看看狗狗会不会自己绕来绕去。

Game

77 向左转，向右转

Twist and Turn

旋转的技巧很简单，难的是教会狗狗向不同的方向旋转。因此，你需要使用不同的语言指令来区别顺时针和逆时针。

训练目的是要教会狗狗朝着你所说的方向转一圈。手握奖品和响片，让狗狗站在你的左边，用奖品来引诱狗狗，把奖品拿到它左边，命令它“向左转”，当它转到一半时就按下响片并且表扬它。重复几次。当你确定它明白要领以后，用奖品引诱它转一整圈。一直重复这个过程，直到狗狗对命令迅速作出反应，并且做对为止。

接下来是向右转。开始时让狗狗站在你的右边，一样地用奖品引诱它向右，让它顺时针转。狗狗向右转的时候按下响片，并且给出命令“向右转”。重复几次。直到最后你只用响片和命令就能使狗狗完成动作。和往常一样，耐心和练习是关键。想要使动作更加完善需要多次的练习才行。

或试试这样

距离狗狗几米外按下响片，发出指令，看狗狗能不能自己左转和右转。一旦一只狗狗掌握了旋转的要领，就可以试试两只狗狗一起来转圈圈。

1

1

游戏前的准备

奖品、响片

教狗狗旋转

教狗狗爬行

Game

78 爬呀爬

Creepy-Crawly

服从是学会这个技巧的基础。别担心——这个小技巧不会令狗狗不舒服，它会喜欢这个技巧并且乐意展示给你看的。

想要教狗狗爬行，首先得搭建个“限高通道”。在两块砖头上架一块木头，不要弄得太低，狗狗可以蹲下身来刚刚好爬过去即可。木头对游戏有很大的帮助，特别是在狗狗不明白趴下这个命令的时候。

命令狗狗趴下，接着把奖品放在它的鼻子前方的杆子下面，这样狗狗会四脚下趴地向奖品方向爬。只要狗狗一爬行，就马上按下响片。这个时候你可以轻轻地抚摸它，让它保持趴着的姿势，一定要温柔。这个时候还不能对它使用“爬行”命令，要等它在理解动作之后，再教它听从命令。在之后的数天里，每天重复几次这个练习。

一旦狗狗熟悉了趴下动作，就可使用“爬行”命令，并且按下响片。同样需要几次训练，狗狗才会掌握好。这时，你可以把奖品放得离它的鼻子远一点儿，手指指着奖品，让狗狗顺着手指的方向爬向奖品。

最后，试一试把奖品扔过去，对狗狗下达“爬行”的命令，看看狗狗自己会怎么做吧。

1

1

游戏前的准备

自制“限高通道”、奖品、响片

或试试这样

学会这个小技巧后，狗狗差不多能从任何东西下面钻过去了。你大可试试教狗狗从桌子或椅子下面钻过去！

1

1

游戏前的准备

音乐、奖品、响片（可选）

Game

79 来点音乐吧

Let the Music Play

当狗狗掌握了绕腿嬉戏以后（见第112页）后，不妨试试来点你最喜欢的音乐做伴奏。

放首节奏感强的曲子，让狗狗按照你之前教它的那样在腿间绕来绕去。然后你就可以边走边加点花样，比如你随着音乐节奏跳起来，鼓励狗狗穿过你腿下；或者买一个玩具魔杖，使得跳跃更加有趣。你还可以试试其他的，比如让狗狗走到你的腿下时轻轻地拍一拍它的屁股，或者把魔杖放低后让狗狗从上面跳过去。每当狗狗表现不错时，都给它奖励或是按下响片（如有使用的话）。

这个有趣的游戏不仅可以帮你健身，还是教会狗狗跳舞的一个很好的练习，如果你想让狗狗学跳舞的话。

或试试这样

随音乐绕膝成功几次之后，可以请家人或朋友在一旁观看，并且给你们打分，满分是10分。

Game

80 我是歌手

Singing Stars

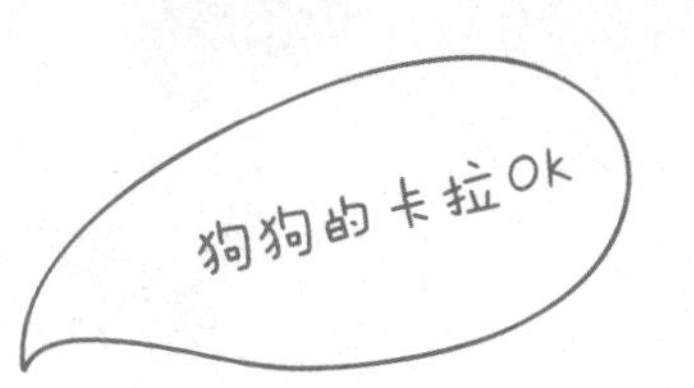

1

1+

游戏前的准备

奖品、响片

我们见过在电视节目里，狗狗跟着它最喜欢的曲子或歌曲深情“嚎叫”。“演唱”活动十分有趣，只要你在狗狗有要求的情况下训练它，它绝对能成为派对上一大主角！

有两种训练方式，第一种是利用狗狗向某种东西汪汪叫的天性。比如说，当它听到其他狗狗叫，或是看到你拿来它的牵引绳时，它就会开始汪汪了。只要你搞清楚它什么时候会叫，当它一张嘴，就对它说“唱歌”并且给它奖励。几次以后，狗狗就会得到要领。但要知道是你来决定狗狗什么时候放声高歌，因为谁也不想听到邻居的抱怨。

第二种方法是请朋友或是孩子们一起来唱歌。在你的提示下，放点音乐，让他们放开喉咙，你也可以加入哦。这时候狗狗要是也加入歌唱大军，就按下响片并且马上奖励它。

在你觉得狗狗准备好的时候，放点音乐，看狗狗能不能和人类完成一段最美合唱。

或试试这样

没有音乐？别担心！大部分狗狗都会很轻松地跟着任何一种声音唱起来。要是你有乐器（比如吉他或是钢琴），可以试试一边演奏一边唱。狗狗慢慢地也会加入进来的。

Game

81 跳“火圈”

Ring of Fire

1

1+

游戏前的准备

大呼啦圈、奖品、响片（可选）、红色或橙色的布条

假如你曾经梦想过加入马戏团但未实现的话，现在你的机会来了。这个技巧简直太棒了，教会狗狗之后，表演起来就跟真的马戏团一样！

如果你已经教会狗狗跳圆圈（见第68页），那么你已经成功了一半啦。就像跳圈圈游戏一样，你需要鼓励狗狗跳过圆环，一开始先把圆环竖着放地上，狗狗钻过去，然后是把圆环抬高，让狗狗跳过去。

可以像以往一样用响片(如有使用的话)，奖品跟鼓励语是常用的训练手段。这些方法可以让你不需太久，就能教会狗狗在铁环的两侧穿来穿去。跳过去之后记得给狗狗奖品。

孩子们也可以加入进来；圆环放低的时候，让孩子们跳过去，尝试让狗狗跟随其后跳过去；把训练变成游戏会更容易，也更有趣。

或试试这样

在狗狗掌握了技巧之后，找一些红色或是橙色的布，把它们裁成一条条带子，系在圆环上，然后就开始玩游戏——这就变成了真的跳“火圈”啦！

Game

82 一起握握手

Pleased to Meet You

1

1

游戏前的准备

奖品、响片（可选）

这本书里最古老的技巧就是这个啦，但是狗狗会与别人握手，绝对能让人大吃一惊！这也是最讨人喜欢的小技巧，对孩子们来说尤其如此。教会狗狗这个技巧很容易，学会后狗狗便会自然而然地与孩子们亲切握手。

首先，把可能会分散狗狗注意力的东西都收拾好，要选择在狗狗不饿，不需要上厕所的时间。事实上，狗狗适合在散步或是饭后来学习这个小技巧。

坐在地板上，命令狗狗与你面对面坐好。想一个命令，比如“举爪子”或是“握手”。发出命令后，轻轻地抬起狗狗的爪子，放在你的手里，握上几秒钟，再把爪子放回原位，这时按下响片（如有使用的话），表扬并且奖励狗狗。就像学其他小技巧一样，重复是最重要的。重复这个步骤，每次发出命令后，稍等一会儿再抬起它的爪子，这样它马上就懂要抬起爪子来和你握手啦。在往后数日里可以教它举起两只爪子。

最后，站在狗狗面前，弯下腰，伸出手和狗狗握手——你成功啦！

或试试这样

教狗狗用两只爪子一起来握手。每次你可以同时用两只手握住狗狗的两只爪子，这样狗狗马上就能明白该怎么做了。这样做对保持狗狗的协调性和灵活性很有好处。

1

1

游戏前的准备

椅子、响片、奖品

Game

83 祈祷吧

Say Your Prayers

在一天结束时，你如果祈祷的话，为什么不让狗狗加入呢？“祈祷”这个命令的最终训练结果是，狗狗能够自动地把它的头放在椅子上或是床边，头的两侧是它的两只小爪子。随后你说“阿门”，狗狗就会结束祈祷了。

鼓励狗狗把前爪子放在椅子上，来完成第一个动作（完整的动作是爪子放到椅子上，头置于两个爪子之间）。要积极鼓励狗狗一直保持坐着的姿势，实际上狗狗的样子看起来像是在乞讨：屁股坐在地上，爪子在椅子上。记住，一开始狗狗会觉得这么做很不舒服，所以一定要温柔一些，多鼓励它。

然后用奖品来引诱狗狗把头置于两个前爪之间。一旦狗狗低下头，就按下响片并鼓励它。练习几次，慢慢延长按下响片和奖励狗狗之间的间隔时间。狗狗低下头时，引入“该祈祷啦”的指令。几分钟后，使用“阿门”的号令，让它随意活动，表扬和奖励狗狗。

如果狗狗不愿意把前爪放在椅子上，那你就站在它身后，把它的爪子放上去，接着把奖品放在狗狗鼻子前，引诱狗狗把头放在两爪中间。

或试试这样

要是有孩子加入，祈祷会更有爱。一旦狗狗掌握了动作要领，它便可以加入孩子们的睡前祈祷了。

Game

84 挥手说拜拜

Wave Goodbye

1

1

游戏前的准备

椅子、响片、奖品

首先要给这个技巧定个命令，你可以用简单的“挥挥手”或是打招呼的“嗨”。跪在狗狗面前竖起手，好像你想要和它握手似的（见120页），直到你的手和地面垂直，而狗狗的爪子刚刚碰到你的手为止。看起来像是在击掌，但是狗狗的爪子不能完全挨上你的手掌。

狗狗抬爪子去碰你的手的时候，按下响片并且奖励它。这样重复几次之后，就可以改成在狗狗爪子抬起又放下之后，你再按下响片。最后，狗狗的爪子会抬起来，放下，又抬起来，像跟人挥手似的，这时你可以教狗狗理解“挥挥手”这个命令。

或试试这样

教狗狗表示“是的”。手拿奖品放在狗狗鼻子前，上上下下地移动，这样它的头就会上上下下地跟着动。每次这么做的时候对狗狗下“是的”的命令。它马上就会知道这个命令的意思是要它点头，它会照做的，为了奖品！

又一个和爪子有
关的小技巧

Game

85 该睡觉啦

Go to Bed

训练狗狗上床睡觉或是在垫子上休息，实际上绝不仅仅是一种技巧，而是一种相当有技术含量的训练，因为你可能会收到意想不到的效果。

“床”的命令意味着跳上床后躺下，所以训练的最后结果是你只需使用“床”这个命令就好了。首先，把床、篮子或是毛巾放到离你2—3米远的地方，狗狗在你身边，把奖品扔到它的床上，对它说“床”并且走到它的床边，这样它就会跟过来获得奖品。鼓励狗狗躺下，并且夸奖它，多重复几次。

当它明白要领以后，把奖品扔到床上，让狗狗自己跳到床上。一开始，让一名家人或是朋友手里拿着奖品在床边等狗狗。在狗狗可以自己完成以上过程之后，你应该走到床边，在它躺下后奖励它。

勤加练习，一旦掌握了之后，你的狗狗便会懂得做出反应。因为它知道上床躺下来会有奖励。狗狗知道命令的含义之后，试着教狗狗将命令和睡觉联系起来。

或试试这样

在狗狗特别兴奋的时候，这个命令可以帮助狗狗安静下来，比如，有客人来了的时候。

1

2

游戏前的准备

狗狗自己的床、篮子或是毛巾、奖品

Game

86 “请”

Say “Please”

1

1

游戏前的准备

响片、奖品

这个技巧有时被当作乞求，但也是让狗狗表达“请”的好方法。在教学过程中，你可以要求狗狗坐在后腿上，举起两个爪子来交换奖品。

首先，使用它已经学会的“坐下”的命令。狗狗坐好后，站在狗狗面前，拿着奖品和响片。把奖品举过狗狗的头顶，这样它为了够得着奖品，就会抬起前腿。狗狗只要抬前腿，就按下响片并且奖励它。

接下来就是延长给狗狗奖品的时间，但是注意别让狗狗摔倒了，要慢慢地教它学会保持平衡。慢慢对狗狗使用“请”的命令。

重复数次，直到狗狗可以在听到“请”的命令之后，会抬起两只前腿正坐着。一定要耐心，在狗狗做出你希望的姿势之后，才可以奖励它。

或试试这样

你可以要求狗狗在日常生活中的不同情景里做“请”的动作，比如狗狗想吃晚饭或是想散步的时候。

Game

87 关上房门

Shut that door

这个技巧基于狗狗的自我奖励，狗狗知道它关上房门，就会获得奖赏。狗狗学会关门以后，还可以学习怎么开门。

在教给它如何关门之前，你可以先教给狗狗去触碰一个东西，比如说一个塑料盖子。先把盖子摆在狗狗脸前，它会上前嗅一嗅，用鼻子碰碰盖子，这时按下响片，给它奖励。练习几次之后，把盖子粘在门上，下达“推”的命令，让狗狗用鼻子碰到目标，做对了就按下响片，并且奖励它。多练习几次，慢慢地推迟按下响片的时间，直到狗狗自己用鼻子关上门。狗狗学会后并能习惯性地自己关门之后，你就可以教它把动作与“关门”的命令联系起来了。

要是狗狗不太容易把门关严实，可以试着把瓶盖粘到更高一点的地方，因为这样能使狗狗学会利用身体的重量来关门。只要学会正确的姿势，那样它就可以用爪子扒住门，向前推把门关上。

1

1

游戏前的准备

响片、奖品、胶泥

或试试这样

既然可以教会狗狗关门，当然也可以教会它开门。狗狗学会了关门后，教它用同样的方法来开门。教它“开门”的命令，让它学会用鼻子推开门。

Game

88 袋鼠狗狗

Kangaroo Dog

教狗狗跳绳真的很有趣。大部分狗狗会自动地跳过挡住它们的东西，这个技巧就是基于狗狗的天性。一开始狗狗可能会不太明白，但是只要你坚持不懈，有点耐心，成功必定属于你们。你和朋友分别手握跳绳的两端。绳子不要拉紧，要松一些，绳子两端相距大概1.5米。稳定狗狗的情绪，四周不要有能分散狗狗注意力的东西，比如玩具或是树枝什么的。

命令狗狗正面对着跳绳坐在你和朋友的中间。在开始时要慢一点，让狗狗慢慢地熟悉跳绳，这样才会成功。摇一圈绳子，看看狗狗会不会跳过绳子，如果它跳过去了，就表扬奖励它。然后重复几次。

当狗狗变得越来越有信心之后，它会期待绳子能向它晃过来，这时你可以慢慢地加大动作，鼓励狗狗在绳子触地的时候再跳过去。当然，每次要表扬和奖励它。学会之后你就可以提速了，把绳子摇高一点儿，这样狗狗必须真的跳起来才能越过去。每次练习时间不宜过长，尤其在天热的时候。

游戏前的准备

长跳绳、奖品

教狗狗跳绳子

或试试这样

让孩子们加入：可以进行跳绳比赛，看看哪个孩子能跳的时间最长。别忘了也要让狗狗加入哦。

Game

89 滑板狗狗

Skater Pooch

这个教狗狗学会滑滑板的技巧相当有难度，但技巧并不重要，它玩得开心就好。让狗狗学会在滑板上保持平衡需要你有足够的耐心才行。体形过大的狗狗是没法玩滑板的。要是狗狗不喜欢玩滑板，一定不要强迫它。

把滑板拿给狗狗看，鼓励它闻一闻，之后你把滑板翻过来，向它展示滑板不同的部分。滑一下滑板的轮子，然后把滑板翻回来放在地上，推一推，让狗狗看到滑板在向前冲。把奖品放在滑板上，鼓励狗狗去追。

用手或脚把滑板固定住，并且把奖品放上去，鼓励狗狗踩上滑板。要是狗狗把爪子放在滑板上，就马上按下响片并且奖励它。慢慢地教狗狗理解“上板”这个命令，推迟按下响片的时间，一直到狗狗两个爪子都放到滑板上，再按下响片。扔一个奖品出去，这样狗狗会从滑板上下来去追回奖品，之后重复以上所有步骤。在狗狗愿意把两个爪子都放到滑板上之后，把你的手或是脚移开，让滑板稍微滑动一段。如果狗狗的腿一直在滑板上，就按下响片奖励它。在狗狗学会随着滑板移动的时候，再逐渐地教狗狗理解“滑滑板”这个命令。

高难度的玩法就是，要狗狗用一条后腿一直推着滑板向前进。要做到如此难度，你需要协助它。它必须觉得很安全才会把三条腿放在板上。要是狗狗一开始做不到，也别担心，狗狗要是对此恐惧，那你就带着它一起滑滑板吧。

1

1

游戏前的准备

滑板、奖品、响片、安全而又平坦的场地

或试试这样

要是你的小狗狗很喜欢在轮子上的运动，不妨买个篮子，装在自行车上，这样当你骑车的时候可以带着它。

给狗狗设计的
滑板技巧

101 fun things
to do with your dog

分享更多快乐

More Fun with Fido

如果狗狗已经学会了部分技能和技巧，那么你现在已经拥有了一只训练有素，健康快乐的狗狗。本章我们要学习如何玩得开心！不论是乔装打扮，还是制作美味食物，本章所有的活动都会令你和家人还有“最好的朋友”尽享欢乐时光。

Game

90 派对时间

It's Party Time

2+

2+

游戏前的准备

不同奖品、化装舞会的服装（可选）、音乐、水

我们都喜欢派对，也都爱狗狗。为什么不开一个狗狗大派对，把两者巧妙结合起来呢？对幼犬或是年龄不大的狗狗来说，这会是一个与其他狗狗和人类社交的绝佳机会。自制或者买一些请柬，送给你家狗狗的朋友（以及它们的主人）。你可以邀请他们穿成参加化装舞会的样子——这不是必需的，有些人会因为自己或狗狗没有合适的服装而不出席派对。如果你喜欢化装舞会，那就想其他主题，比如狂野西部、史酷比或是其他喜欢的电影等。

开派对前，准备一些美味食物（给狗狗的，也有给人类朋友的），把它们放在碗里。可以给狗狗们准备些猪耳朵、熟香肠或是狗狗巧克力。给狗狗们设计一些游戏，你可以选择一些屡试不爽的，比如追球（最快追回来球球的狗狗获得奖品）或是适合所有狗狗的小型灵敏度游戏。要让狗狗们一起玩，这得是在它们相处得很好的前提下，但还是要全程对狗狗们进行监督。还要规定好时间供狗狗们享受它们的奖品，保证充足的新鲜饮用水。为人们设置一块无狗狗区域（包括小孩子），这样他们就有了“无狗狗打扰”的聚会空间啦，可以在那尽享美食。

或试试这样

如果外面阳光正好，干嘛不去烧烤？烤一些便宜的肉给狗狗吃，记得肉凉了再给它们吃。

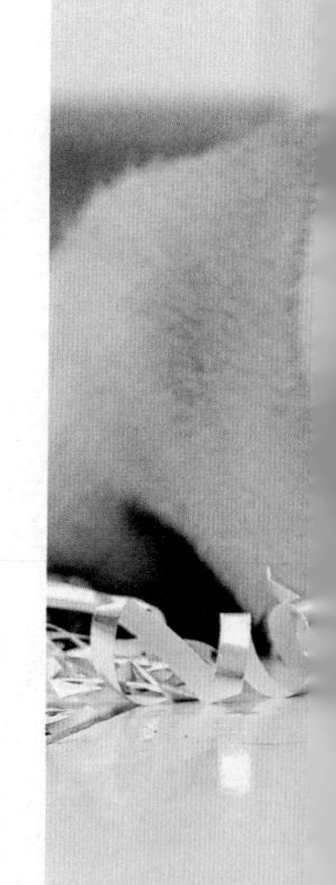

狗狗们的
大派对

Game

91 香蕉曲奇

Barking Banana Cookies

用这些犬类爱吃的曲奇挑动狗狗的味蕾。

预先加热烤箱到200摄氏度，燃气6挡。把水、油、花生酱、香蕉和香草混合，用搅拌器搅拌，之后加入面粉、玉米粉和燕麦片，进行搅拌。

在案桌上铺一层面粉，把搅拌好的面团倒出三分之一出来，轻轻地在面团表面也撒一层面粉。慢慢地揉面团，如有需要再多撒些面粉，这样面团会更有韧性（可能会需要大量的面粉）。把面团擀成1厘米厚的面饼，切成不同的形状，可以用曲奇模具。重复以上的步骤，直到面团用光。

把不同形状的面饼放到不涂有油的烤盘上，然后把烤盘放入预热好的烤箱里，烘焙20—25分钟，至曲奇呈金黄色为止。关掉烤箱，隔20分钟后再拿出烤盘，这时曲奇会变得很脆。冷却后把曲奇放到密封的容器内。

1+

1

食材准备

350毫升水、100毫升橄榄油、2个中等大小的鸡蛋、45克奶油花生酱（无糖）、2条香蕉捣碎的香蕉浆、少量香草、225克混合的全麦和白面粉、50克玉米粉、50克燕麦片

或试试这样

也可以不用香草，用鱼肝油代替橄榄油——这对狗狗的健康很有好处。

狗狗曲奇
烹饪课

Game

92 垂涎欲滴小零食

Savoury Slobbers

1+

1

食材准备

6片熟培根（切成小碎粒）、4个鸡蛋量的蛋液、50毫升培根油、250毫升水、50克干面粉、225克麦芽、50克玉米粉

预热烤箱至180摄氏度，燃气4挡。零食做法很简单，用木勺把所有的配料搅拌混合成面团，接着用勺子舀出一满勺，倒在涂过油的烤盘上。一般可以在烤盘上做出大约40个大小适中的零食。你可以把它们做成骨头的形状，甚至还可以在烤盘上用面团拼出狗狗的名字来。

在预热好的烤箱里烤15分钟。关掉烤箱，把零食留在烤箱里放置一夜，让它们自然干燥。

或试试这样

邀请朋友带他们的狗狗来喝茶，尝尝你的烹调手艺！

给狗狗的美味
小零食

Game

93 狗狗达·芬奇

Da Vinci Dog

1　　1

游戏前的准备

一大张纸（白色或其他颜色）、报纸、安全可洗的无毒儿童颜料、海绵、调色盘、毛巾

尽管会把家里弄得有点乱，但这个游戏还是很有趣的，在无聊的下雨天进行此活动，狗狗会很高兴的。

准备好绘画材料，调色盘的每个小碟子里放一种颜料。地板上一定要先铺些报纸，再把绘画用的那一大张纸放上去。

要让狗狗保持情绪稳定，如果你不想要让家具也染上颜色。轻轻地把狗狗的爪子蘸上点颜料，再让它在纸上走来走去，就能创作出它的第一幅作品啦。

可以让狗狗在纸上用不同颜料画画，甚至也可以让狗狗的每个爪子都蘸上不同的颜料，一切都取决于你。如果你有小孩，让孩子们也一起来用手和脚画画吧。

试试其他不同的点子：给它后脚蘸上颜料，抬起狗狗的前爪，在纸上“散步”，可以试试画出一个数字8，或者用自己的手指在纸上创作一番。

记住绘画完毕后，给狗狗好好洗个澡。

或试试这样

如果画出个相当不错的作品，不妨把它裱起来，挂在狗狗的床边。

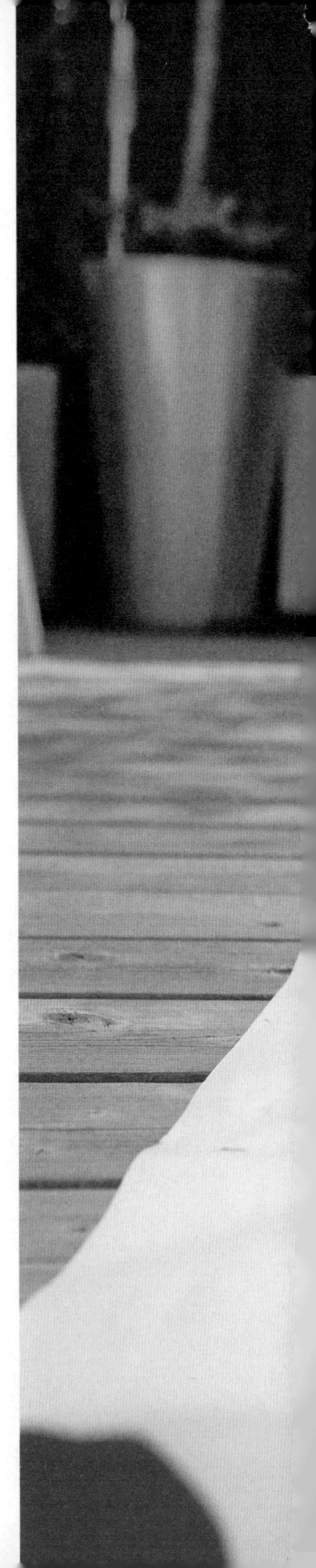

用爪子画画

汤匙运蛋比赛

Game

94 有趣的运蛋比赛

Eggs-tra Fun

这个游戏既简单又受欢迎。每队由一名选手和一只狗狗组成，用不用牵引绳都可以。要是你的花园不大，可以规定好每次比赛需要来回几次。如果在公园里玩这个游戏的话，则需要画出起跑线和终点线。

每个队员手里都有一个汤匙，汤匙里放着一个鸡蛋，游戏的目的就是从起点到终点整个过程中，队员保持鸡蛋不从汤匙里掉出来。如果掉出来了，队员必须把鸡蛋捡起来，重新放回汤匙里，继续前进。裁判可以记录每队鸡蛋掉落的次数来扣分，这必须在比赛开始之前定好规则。

所有队伍在起跑线前准备好，裁判吹响哨子，比赛开始。盛好鸡蛋，拿好汤匙，出发吧！记住如果狗狗不使用牵引绳的话，你需要用声音和动作来保证狗狗一直在身边跟着你跑。狗狗从主人身边跑开的队伍是不合格的。用牵引绳带着狗狗跑显然可以避免狗狗跑开——但也会失去不少乐趣。胜出的狗狗可以在赛后品尝到剥壳鸡蛋哦。

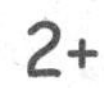

2+

游戏前的准备

牵引绳（可选）、煮熟的鸡蛋、汤匙、起跑线、终点线、哨子

或试试这样

要是没鸡蛋的话，可以换成狗狗的其他食物，进行汤匙运物比赛。只要狗狗不累，你还可以让狗狗加入到孩子们的运动和游戏当中。记得要给狗狗补充足够的水分哦。

Game

95 狗狗的出游日

Doggy Day Out

夏日明媚的一天，如果你打算好好利用这宝贵的好时光，就不要犹豫，带狗狗出去野餐吧，邀请朋友们也一起来！

在出行前一天晚上做好计划，这样你能准备好食物，并且也有时间问问有狗的朋友要不要一起来。

给狗狗准备的食物包括熟香肠、熟肉馅以及其他健康食品，记得也要带上水哦。

出发前要选好目的地，这样就能尽量减少狗狗待在车里的时间。允许狗狗进入的沙滩、郊野公园、树林、河堤或是家附近的公园都是不错的选择。要为狗狗准备好外出的所需之物。

到达目的地之后，找一个安静的地方先玩一会儿球。铺好小餐布，在上面放好食物之后，让狗狗去探索一下周围的环境。要让狗狗一直保持在你的视线范围内，尤其是在陌生的地方。然后就尽享你们的野餐吧！

或试试这样

野餐后为什么不和狗狗走回家呢？这会令狗狗感到快乐和放松，又可以燃烧脂肪，到家后的它虽然疲惫，但快乐无比。

游戏前的准备

野餐所需的狗狗和人类的食品、铺在地上的小毯子、饮料、水壶、水、牵引绳、球

Game

96 时尚狗狗

Furry Fashion

把布料裁成如下的大小：小型狗狗的是边长35厘米的方块；中型狗狗的是边长45厘米的方块；大型狗狗的是边长60厘米的方块；超大型狗狗的是边长65厘米的方块。

把方形布料沿着对角线对折，仔细沿着对角线把它折好，然后就得到一块三角形的布料。接下来要做的事有点费工夫，如果布料没有折边的话，把每个边向内折1厘米。折好后，把折好的边用小针钉住，然后沿着边用针缝好。这样你就得到一件边缘不会轻易磨损的三角形布料了。

然后就可以好好装饰一下啦。装饰品要简单，避免那些可以被狗狗咀嚼或是吞咽的东西。手帕上有条纹或是狗狗的名字会很酷，但只有熟练的裁缝才能做得到。

最后给狗狗戴上大手帕，看看它的新造型吧。

或试试这样

天气炎热的时候，试着把手帕浸湿，包在狗狗的脖子上。它看起来帅呆了。

1

1

游戏前的准备

一大块时髦的方形布料、剪刀、针和棉线（或是缝纫机）

巧用花手帕，
扮靓一下下

又湿又滑的
装水游戏

Game

97 装满水

Fill Me Up

2+

2+

游戏前的准备

牵引绳、塑料杯子、数个小的塑料桶、一个大的装满水的塑料桶、奖品

这是一个往返游戏——游戏的目的是看谁在桶里装的水最多！参赛的人都必须拴好狗狗。给它们都备上一个小塑料杯和一个小桶，在花园的一头放个装满水的大桶，然后在另一头划出个区域，把每队的小桶摆放好。

准备好后就开始比赛，每个人（和他们的狗狗）一起往返于大水桶和自己的小水桶之间，游戏玩法就是用杯子把大水桶里的水运到自己的小水桶那儿，并倒进去。

等到大水桶没水了，最先把自己的小水桶装满水的或是小水桶里的水最多的一队获胜。裁判要一直密切关注每个队员，确保比赛的公正。

或试试这样

给每队分配一个装满水的桶和一个空水桶，看谁先把满着桶里的水运到另一个空水桶里，这样的比赛能避免争议。

Game

98 下雨天的游戏

Rainy Days...

1

1

这个游戏能够训练狗狗头脑的灵敏度，游戏的内容包括把美味奖品或骨头藏在一套盒子里。

把美味的奖品或是骨头放在一套盒子里。把奖品放在最小的盒子里，用胶带封好。把这个盒子放在稍微大点儿的盒子里，也用胶带封好，重复这个步骤，最后所有的盒子都被套在最大的那个盒子里面。

现在把狗狗带到盒子旁边，引诱它去闻一闻盒子里面的味道。接着你坐好就是了，一边听着雨点轻拍窗户的嘀嗒声，一边看着狗狗一层层地打开盒子找食物。

游戏结束后要“清理现场”，但要清理的不过是撕碎的纸板，很快就能搞干净的。

游戏前的准备

2—3个不同大小的盒子、胶带、奖品（猪耳朵就很棒）

下雨天也会很有趣！

或试试这样

游戏中也不一定非要用美食作奖品。你也可以用狗狗最喜欢的玩具，尤其是那些能够发出声响，能让狗狗听到的最好。把它的牵引绳藏起来，让它找——找到了就带它一起出去散步。

桌下小窝

Game

99 狗狗的小窝

Dog Dens

1

1+

这个小游戏能让狗狗与孩子们之间的相处变得更加和睦。找来一些椅子，围成方形；如果有餐桌的话，就一起拿来用吧。帮孩子们一起把床单和毯子罩在桌子和椅子上，制造出一个温馨舒适的小窝。可以在里面放些书、纸、蜡笔和狗狗的玩具。

告诉孩子们不要在里面玩得太过兴奋，因为这可能会令狗狗心烦意乱。不妨把录音机放进去，这样他们就可以听听音乐。给狗狗一个耐玩一点的玩具做奖励，引诱它走进小屋，而且还要让孩子们知道，他们不能抢狗狗的玩具。

游戏前的准备

几个椅子、一张桌子、床单和毛毯、奖品、不同的玩具

或试试这样

这个小窝可以用来玩捉迷藏。让孩子们藏在小窝里，让狗狗来找。一旦他们玩腻了，还可以让孩子们用被单或是毛毯把自己包起来，让狗狗来把他们“挖”出来。

服从类的桌游

Game

100 掷骰子

Dice Dogs

这个游戏能够全面地测试出狗狗所学的技能。尽量使用你已经教过狗狗的命令，哪种都可以。

在一张纸上写下数字1—6。在每个数字旁边写下一个命令。可以写下：坐下、握手、不动、趴下、请、迂回前进。先同其他朋友来讨论一下这些命令，因为他们可能会有其他的好主意。

第一名队员先来掷骰子，并且要求狗狗来完成骰子上的数字所代表的任务。可以设置一些时间上的难度：比如说，如果你投掷的是1，对应的命令是坐下，你的狗狗就必须坐下至少15秒钟。狗狗按你的命令照做之后，别忘了奖励它哦。

这个游戏大家想玩多少轮都可以。假如一只狗狗已经完成了某项任务，那么它的主人就可以再掷一次骰子，获得新的数字和命令。

这个游戏会很有趣，狗狗并不需要特别的训练有素，但是一条训练得当的狗狗会帮你胜出。游戏主要是为了能开心，因此要是狗狗表现得没那么好也别感到有压力，这只是说明狗狗要继续好好地训练。

游戏前的准备

大骰子、一张纸、奖品

或试试这样

也可以试试人类和狗狗一起加入游戏！游戏中，狗狗和人类都需要执行命令。比如说，如果命令是“坐下”，那你和狗狗都要坐下。或者在同一张纸上写下一些人类需要照做的命令，像是“倒立”或是“单腿站立”，这会让游戏更加有趣。

Game

101 温柔的抚摸

The Soft Touch

很多狗狗都会喜欢这个简单的按摩。在家里或是花园里选一处安静的地方，让狗狗放松地躺下，温柔地对狗狗说话，不要做任何让狗狗想要玩耍的举动。

从脖子开始。两手张开，好像在轻轻地抓着一个篮球一样，两只手分别放在狗狗脖子的两侧。每个手指都轻轻地按压，一点一点地，按摩狗狗的脖子。重复六次。

然后把手转移到狗狗的背部。手指一直在后背移动，轻轻地移动手指来捏狗狗的肌肉；速度要慢，手指要贴紧肌肉但不要太大力。用手轻按尾巴前面的部位，也就是当你按摩到了狗狗脊柱的底部，就用拇指轻轻地揉捏狗狗尾部前方脊柱上的地方。

按摩好了尾部区域，回到狗狗的躯干部分。再次展开双手，在狗狗背部从下向上按摩。按摩到狗狗的前胸。把手打开，像蝴蝶翅膀那样，手掌轻轻地按住狗狗的胸骨。手指揉捏狗狗胸部的两侧。

最后按摩头部。手轻轻地滑向头部，把狗狗的耳朵用手捧成杯状。用拇指和食指按摩狗狗耳朵前方的穴位。捧起狗狗的下巴，慢慢地按摩它的脸。如果你喜欢的话还可以在按摩结束后吻一下狗狗的前额，可别忘了给它奖励哦！

1

1

游戏前的准备

垫子、奖品

或试试这样

可以用狗毛刷来代替手。步骤相同，而且狗狗在按摩后，毛会格外顺滑！

让狗狗懒洋洋
地放松一下

阅 读 链 接

定价：28.80元

《3小时速成驯狗手册》

想养一条狗狗，可又担心它把你的生活折腾得乱七八糟?

已经有了一条狗狗，可是它总是在你家里为所欲为?

要解决这些问题并不难，你只需每天花上15分钟就足够了。狗和人有着本质的不同，他们机灵而且聪明，能理解主人的指令，并遵照指令做一些动作——他们的目的只有一个，那就是……

本书教你怎样遵循狗狗那简单却不为人知的心理，用更快捷、更有效的方法驯狗。定点大小便、乖乖陪你散步、不再追汽车、和你的朋友好好相处、不乱吠、不挑食……每天8—15分钟，坚持一周，所有你想要狗狗做到的，都不是问题。